Die Autoren:

Friedrich Wilhelm Jerrentrup wurde 1920 in Lippstadt geboren, wo er seine Schulzeit bis zum Abitur 1938 verbrachte. Nach Arbeits- und Militärdienst war er als Soldat am „Westwall", in Frankreich, Norwegen und Rußland eingesetzt, geriet in russische Kriegsgefangenschaft, aus der er 1949 entlassen wurde. Sein Jurastudium absolvierte er in Göttingen, München und Münster, promovierte 1956 mit dem Thema „Das Recht der Denkmalpflege in Nordrhein-Westfalen" und trat 1957 in eine am Hammer Oberlandesgericht tätige Anwaltssozietät ein. Sein Interesse für Kunstgeschichte, das ihn schon während des Studiums begleitete, führte ihn in den Vorstand des Hammer Museum-Vereins und zum Vorsitz des Westfälischen Kunstvereins in Münster. Seit 1993 lebt der Jurist wieder in Münster und widmet sich seinen kunsthistorischen Interessen.

Claus Peter, 1946 in Mellrichstadt/Unterfranken geboren, wuchs in Bamberg auf und machte in Hamm das Abitur. Nach dem Lehramtsstudium der Musik in Hamm und Dortmund schrieb er seine Staatsarbeit über „Mittelalterliche Glocken in Westfalen" und ist seit 1971 im Schuldienst tätig. Seit 1975 ist er für den Landeskonservator von Westfalen als Fachgutachter für Glocken und Turmuhren und seit 1989 in gleicher Funktion für die Evangelische Kirche von Westfalen aktiv und publiziert in Fachzeitschriften.

Der Fotograf:

Heinz Feußner wurde 1956 in Hemer geboren. Im Alter von 10 Jahren mit der ersten Kamera ausgerüstet, machte er nach Schule und Ausbildung in Ahlen und Münster sein Hobby zum Beruf. Neben Fotoausstellungen zum Thema „Momente" in Hamm, Iserlohn, Wuppertal und Düsseldorf arbeitete er als Stadtfotograf in Fröndenberg, Hamm und als Museumsfotograf im Hammer Gustav-Lübcke-Museum. Er fotografierte die unterschiedlichsten Themen für Buchpublikationen, Fotokalender, Imagebroschüren, Ausstellungs- und Dokumentationskataloge und arbeitet seit 1993 als freiberuflicher Fotograf mit eigenem Labor auch für Werbeagenturen und Firmen in Hamm und Münster.

Mit freundlicher Unterstützung der Sparkasse Hamm

Inhalt

Einleitung

„Alte Kirchen in Hamm" – dieser Titel bedeutet Einschränkung und Ausweitung zugleich. Einschränkung insofern, als nur die in ihrer baulichen Existenz heute noch erhaltenen Kirchen besprochen werden, die in „alter Zeit" entstanden sind. Zäsur ist der Ausgang des 18. Jh., als Aufklärung und Französische Revolution das alte Reich, das Heilige Römische Reich Deutscher Nation, zusammenbrechen ließen. Bis dahin war die Gesellschaft Deutschlands noch in Stände gegliedert, deren Struktur sich im 11. und 12. Jh. verfestigt und seit dem 13. Jh. kaum mehr verändert hatte *(Hagen Keller)* – was auch für die Bauherren und ihre Baugesinnung gilt. Insofern bleiben alle im Zuge der Industrialisierung und der Bevölkerungszunahme im 19. Jh. entstandenen Kirchen-Neubauten ebenso wie die zahlreichen nach dem Zweiten Weltkrieg errichteten Kirchen außer Betracht, so reizvoll eine Auswahl und Wertung – angesichts der Vielzahl – auch sein könnte. Doch werden auch die alten Kirchen berücksichtigt, die bis in das 19. Jh. hinein bestanden, dann aber abgebrochen und zum Teil durch größere Neubauten ersetzt wurden, denn aus ihnen haben sich Bildwerke und Glocken erhalten, die uns in ihrer realen Existenz mehr mit dieser Vergangenheit verbinden, als gemeinhin bekannt ist.

Eine Ausweitung des Themas ergibt sich als Folge der zum 1. 1. 1975 wirksam gewordenen Kommunalreform, die das Gebiet der Stadt Hamm um Herringen und Pelkum, Rhynern und Uentrop erweiterte sowie über die Lippe hinaus auf die Städte Heessen und Bockum-Hövel ausdehnte. Damit wurde die alte Grenze überschritten, die seit der Glaubensspaltung als Folge der Reformation und der gänzlich unterschiedlichen politischen wie wirtschaftlichen Entwicklung nördlich und südlich der Lippe bis ins späte 19. Jh. trennend gewirkt hatte. Im alten märkischen, dann brandenburg-preußischen Hamm war man weitgehend reformiert, d. h. wenig bilderfreundlich, die Lutheraner blieben in der Minderzahl; Bockum, Hövel und Heessen gehörten dagegen zum Fürstbistum Münster, verharrten im alten Glauben und blieben damit künstlerischen Sinnenfreuden gegenüber aufgeschlossener und bilderfreundlicher.

Als Kunstlandschaft lässt sich jedoch auch das vergrößerte Hamm kaum bezeichnen, und doch darf es sich einiger kunstgeschichtlich charakteristischer Bauten aus romanischer Zeit rühmen. Auch die frühe Gotik hat mit dem Chor der Pauluskirche ein besonders schönes Werk hinterlassen und in der kleinen Kirche in Mark ist uns ein geschlossenes Ensemble einer auf Wand und Chorgewölbe gemalten Predigt aus dem 14. Jh. bewahrt. Wie manch anderer Ort Westfalens steht auch Hamm in der Kunstgeschichte des Landes eher für solide denn für herausragende oder gar elegante Leistungen ein. Ohnehin rückten die Stadt und ihr Umfeld nach der Verbindung der Landesherrschaft mit Kleve im Jahre 1398 an die Peripherie politischer und wirtschaftlicher Wirksamkeit, man begnügte sich mit dem Vorhandenen.

Diese Darstellung beginnt mit der St.-Victor-Kirche in Herringen, der Mutter nahezu aller kirchlichen Gründungen im Gebiet der heutigen Stadt südlich der Lippe. Sie schlägt dann mit den Kirchen in Pelkum, Berge und Rhynern, dort an die untergegangene alte Kirche in Drechen erinnernd, einen Halbkreis um die erst 1226 gegründete „Stadt tom Hamme", um bei deren drei Kirchen zu verweilen und der erst im 19. Jh. abgebrochenen Kapelle des ehemaligen Norden-Stiftes zu gedenken. Die Lippe überspringend führt der Weg weiter nach Heessen, dessen ehemalige romanische Stephanus-Kirche streifend, zu den barocken Bauten der St.-Annen-Kapelle und der Kapelle SS. Maria und Bartholomaeus auf Haus Ermelinghof bei Hövel; dabei wird an die alten, durch größere Neubauten ersetzten Kirchen in Hövel und in Bockum erinnert. Über die Lippe auf alten märkischen Boden zurückkehrend, schließt der Rundgang mit der Betrachtung der St. Peter und Paul geweihten Kapelle in Nordherringen, einem liebenswerten Bauwerk heiterer Volksfrömmigkeit aus dem Zeitalter des Rokoko.

Der Text stützt sich auf eine umfangreiche, wenngleich im Wesentlichen ältere Literatur, deren Autoren genannt werden, wo der Verfasser ihnen besonders verpflichtet ist. Eigene Forschungen, für die dem Laien alle Voraussetzungen fehlen, sind nicht beabsichtigt gewesen. Im Übrigen darf auf das Literaturverzeichnis verwiesen werden. Die vorzüglichen fotografischen Aufnahmen hat Heinz Feußner für diesen Band neu gefertigt. Angesichts erheblicher Fortschritte in Fototechnik und Wiedergabe wollten Autor und Verlag nicht auf ältere Aufnahmen zurückgreifen, die es natürlich gibt. So weit das dennoch geschehen ist, um frühere Zustände aufzuzeigen, ist dies jeweils vermerkt. Die Grundrisse im Maßstab 1:400 stammen aus den einschlägigen Bänden der „Bau- und Kunstdenkmäler Westfalens" und zeigen den Zustand vor 1945.

Der freundlichen Mitarbeit von Claus Peter, dem Glockenbeauftragten des Westfälischen Amtes für Denkmalpflege und der Evangelischen Kirche von Westfalen, sind Angaben und Fotos über jene Denkmale zu verdanken, die zumeist in der kunstgeschichtlichen Literatur übersehen werden. Viele Jahrhunderte haben die Glocken zu Gebet, Andacht oder Messe eingeladen und damit den Tagesablauf der Menschen bestimmt, ihre Taufe und ihren Tod verkündet und bei Feuer, Hochwasser oder feindlicher Bedrohung Hilfe herbeigerufen. Die neue Großstadt Hamm verfügt über eine erstaunliche Zahl alter Glocken, die die Stürme der Zeit überstanden haben. Sein Wissen über alle Glocken des Landes hat Claus Peter, soweit es den räumlichen Bereich der neuen Großstadt Hamm betrifft, am Ende eines jeden Kapitels zusammengestellt. Darin haben sich jahrzehntelange Bemühungen um ein Thema niedergeschlagen, dem sich niemand zuvor mit solcher Gründlichkeit, Kenntnis und Liebe zur Sache gewidmet hat.

Der Verfasser des Textes, damit für die Zusammenstellung verantwortlich, und seine Frau haben 35 Jahre in Hamm gelebt, ihre Kinder sind hier zur Schule gegangen, bevor sie in die Welt auszogen. Die Beschäftigung mit den historischen Bauten in diesem Lebenskreis hat manche Erinnerung geweckt und Freude gemacht. So ist das vorliegende Buch, dessen Herausgabe der Kulturdezernent Dr. Faulenbach angeregt und die Sparkasse Hamm gefördert, der Westfälische Anzeiger mit der Lektorin Dunja Berthold-Ellersbach begleitet und publiziert haben, der Stadt Hamm und ihren Bürgern zum Dank dargebracht.

Alte Glocken in Hamm

Obwohl die Glocken unserer Kirchen ihre Präsenz täglich akustisch behaupten, ist es in Hamm kaum bekannt, dass in den Kirchen eine erstaunliche Anzahl alter Glocken erhalten geblieben ist.

Die nachhaltigen historischen Veränderungen in der jüngeren und jüngsten Zeit haben die Stadt Hamm und die eingemeindeten, ehemals selbstständigen Städte und Gemeinden um die meisten Zeugnisse ihrer älteren Geschichte gebracht. So ist es schon bemerkenswert, dass im heutigen Stadtgebiet allein sechs Glocken aus dem 13. Jh. erhalten sind. Die übrigen in den folgenden Jahrhunderten entstandenen Glocken präsentieren trotz der durch beide Weltkriege bedingten Verluste stilistisch und klanglich ein reiches und differenziertes Bild der meisten die westfälische Glockengeschichte prägenden Gießer und Werkstätten. Die ältesten und bedeutendsten Glocken in Hamm werden im Folgenden erstmals im Zusammenhang verzeichnet.

Die Darstellung der einzelnen Geläute kann an dieser Stelle lediglich in kürzester Form und unter weitgehender Beschränkung auf die in diesem Buch behandelten Objekte erfolgen. Wegen des überaus reichhaltigen Quellenmaterials, dessen Berücksichtigung den Rahmen dieses Werkes ebenfalls sprengen würde, können auch zur Geschichte des jeweiligen Geläutes nur knappe Informationen vorgestellt werden.

Über die der Auswahl alter Kirchen folgende Glocken-Zusammenstellung hinaus gibt es im Bestand des Gustav-Lübcke-Museums zwei Glocken unbekannter Herkunft von 1711 und 1750 (Inv. Nr. 1167 bzw. 1168; Ø 470 bzw. 475 mm; beide gesprungen). Darüber hinaus befinden sich in Hamm noch eine ganze Anzahl weiterer Glocken des 19. und frühen 20. Jahrhunderts. Glocken dieser Zeit waren in den beiden Weltkriegen nicht alt genug, um der Beschlagnahme für die Rüstungsindustrie zu entgehen. Sie sind daher heute in weitaus geringerer Zahl erhalten als Glocken früherer Jahrhunderte und haben als wenige letzte Zeugnisse einer ganzen Epoche der Glockenkultur ausnahmslos Denkmalwert.

Folgende Glocken sind bisher bekannt:

Nordenfriedhof (Hamm-Norden)		
1893 Petit & Gebr. Edelbrock	Ton g“+7	Ø 487 mm
Kath. Pfarrkirche Liebfrauen (Hamm-Süden)		
1892 G. Collier	Ton h“-3	Ø 390 mm
Kath. Pfarrkirche St. Michael (Ostwennemar)		
1922 Junker & Edelbrock	Ton as´+7	Ø 886 mm
Kath. Pfarrkirche Hl. Kreuz (Herringen)		
1929 F. Otto	Ton a´-5	Ø 959 mm
St. Josef (Heessen)		
1930 Petit & Gebr. Edelbrock	Ton h´+1	Ø 802 mm
Kath. Pfarrkirche St. Liborius (Lohauserholz)		
1933 Junker & Edelbrock	Ton a“-3	Ø 478 mm
Kath. Pfarrkirche Christ-König (Bockum-Hövel)		
1935 Petit & Gebr. Edelbrock	Ton h´-4	Ø 810 mm
Ev. Gellerthaus (Heessen)		
1938 Junker & Edelbrock	Ton h´+2	Ø 748 mm

Bei der Angabe der Schlagtöne der Glocken bedeuten die ± Werte Abweichungen von der genauen Tonhöhe (± 0) in 16teln eines Halbtones. Die Werte entsprechen dem im Glockenwesen bis heute üblichen Bezugston a1=435 Hz. Sie wurden ausnahmslos an den Glocken vor Ort ermittelt.

Die flächendeckende Bestandserfassung alter Glocken in Hamm wäre ohne langjährige ideelle und tatkräftige Unterstützung nicht möglich gewesen. Dafür ist der Vf. Frau Stadtarchivarin i. R. Ilsemarie von Scheven sowie den Herren Museumsdirektor Dr. Herbert Zink (†) und Museumsdirektor Dr. Hans Wille (†) zu großem Dank verpflichtet.

Herringen: Evangelische Pfarrkirche St. Victor

Das Dorf Herringen, seit dem 1.1.1975 zu Hamm gehörend, gilt als Hauptort einer kölnischen Stammpfarrei, wie viele im Zuge des Ausbaues der fränkischen Herrschaft und der Ausbildung kirchlicher Strukturen nach den Sachsenkriegen in den Jahren 800 bis 1000 südlich der Lippe entstanden sind *(Albert K. Hömberg)*. Das Victor-Patrozinium deutet auf fränkischen Einfluss hin: In Xanten hatte der Heilige als Führer der thebäischen Legion das Martyrium erlitten und ist der Überlieferung nach dort auch begraben worden. Schon im 5. Jh. errichtete man zu seinem Andenken über diesem Grab eine Kirche. Auch die Größe des Herringer Pfarrsprengels spricht für fränkischen Ursprung: Er erstreckte sich von der Ahse im Nordosten – unter Einschluss der späteren Westenfeldmark der Stadt Hamm – in westliche Richtung lippeabwärts über die Bauerschaften Sandbochum und Rünthe bis nach Heil, den Oberhof Pelkum einschließend, der durch einen Waldstreifen von Herringen getrennt war. Bis zur Reformation blieb die Kapelle in Pelkum der Herringer Kirche unterstellt.

Mit Schenkungsurkunde vom 6. 8. 1032 ordnete Erzbischof Pilgrim von Köln die Kirche in „Heringhe" dem von seinem Vorgänger, Erzbischof Heribert, gestifteten Benediktinerkloster in Deutz zu. Das ist die erste urkundliche Nachricht von der Kirche in Herringen. Die kirchliche Überlieferung hatte Heribert mancherlei Wundertaten bei seinem Einzug in Köln und bei der Stiftung des Klosters zugeschrieben. Er wurde 1147 kanonisiert und wohl bei dieser Gelegenheit bestätigte Papst Eugen III. dem Kloster seinen Besitz u. a. an Hof und Kirche zu Herringen. Ob Heribert die beiden Höfe zuvor vom jugendlichen Kaiser Otto III., dessen Erzieher und Ratgeber er gewesen ist, geschenkt bekommen hatte, um sie später seiner Klostergründung weiterzugeben, lässt sich allenfalls vermuten. Den Äbten von Deutz stand seither das Recht zu, den Herringer Pfarrer zu ernennen, und sie haben davon auch noch nach Einführung der Reformation bis ins 17. Jh. hinein Gebrauch gemacht.

Im Jahre 1555 war in Herringen noch ein katholischer Priester tätig. Sein Nachfolger trat allerdings zum Luthertum über, nachdem der Herr des Hauses Reck, dessen Vorfahren eine St.-Annen-Vikarie in der Kirche gestiftet hatten, diesen Glaubenswechsel vollzogen hatte und damit wohl die Pfründe entfallen war. 1611 erscheint der Herringer Pfarrer unter den Teilnehmern der ersten Synode der Reformierten in der Grafschaft Mark in Unna, aber die Gemeinde hielt sich endgültig erst seit 1635 zum reformierten Bekenntnis, dem sie bis zum Beitritt zur Altpreußischen Union um 1820 treu blieb. Die im alten Glauben verharrenden Gemeindemitglieder fanden ihre gottesdienstliche Zuflucht in der Kapelle der Burgherren von Nordherringen, an deren Stelle später die den Hl. Peter und Paul geweihte Kapelle errichtet worden ist (s. Herringen: Pfarrvikarie St. Peter und Paul).

In ihrer Nähe, in der Feldmark der Bauerschaft Herringen, am Südufer der Lippe, deuteten bis Anfang des 20. Jh. viereckige Bodenformationen mit Erdrücken und Zwischengräben auf den Umfang der um 1200 gegründeten Stadt Nienbrügge hin. Die Grafen von Altena, die nach dem Sturz Heinrichs des Löwen ihre Landesherrschaft auch in das Münsterland hinein auszubauen suchten, hatten hier am Nordufer der Lippe auf einem erhöhten Platz, der noch um 1800 die „hohe Burgstätte" genannt wurde, eine Burg errichtet und zu deren Sicherung gegenüber auf dem niedrigen Südufer eine Stadt erbaut. Sie wurde nach der „neuen Brücke" benannt, die neben einer etwas oberhalb gelegenen älteren Brücke über den Fluss führte. Seit 1207 war Graf Friedrich von Altena-Isenberg Herr dieser Doppelfestung an der Lippe. Er wurde später die Seele des Widerstandes der geistlichen und weltlichen Großen Westfalens gegen seinen eigenen Verwandten, den Kölner Erzbischof Engelbert von Berg, der seinerseits auf Ausdehnung seiner Landesherrschaft in diesem Bereich bedacht war. Nach der Gevelsberger Bluttat vom 7.11.1225 – Annette von Droste-Hülshoff hat den Tod des Erzbischofs in einer großen Ballade eindringlich geschildert – waren die Tage Nienbrügges gezählt. Noch vor Jahresende lagen Burg und Stadt in Schutt und Asche. Den Einwohnern bot bald darauf der Vetter des Mörders, Graf Adolf von der Mark, in seiner zwischen Lippe und Ahse angelegten Stadt Hamm eine neue Heimat. Da es Nienbrügge während seiner kurzen Existenz noch nicht zu einem eigenen Gotteshaus gebracht hatte, waren seine Einwohner schon immer zum Gottesdienst nach Herringen gepilgert. Für die durch die Zerstörung Nienbrügges und die Abwanderung seiner Bewohner erlittenen Einkommenseinbußen erhielt der Herringer Pfarrer 1253 durch Graf Engelbert I. von der Mark eine Entschädigung, die 1385 bestätigt wurde *(Ilsemarie von Scheven)*.

Die heutige St.-Victor-Kirche – das nach der Kanonisierung Heriberts begründete weitere Patrozinium wird nicht mehr geführt – ist eine zwei Joch tiefe, dreischiffige Halle mit zweijochigem, gerade geschlossenen Chor und

einem offensichtlich älteren Westturm, der gegenüber dem hoch überdachten Langhaus recht gedrungen wirkt. Sein Mauerwerk aus grünem Sandstein ist noch unregelmäßig, während es an der jüngeren Kirche als lagerhaftes Quadermauerwerk versetzt erscheint. Der Turm besitzt auf allen vier Seiten je zwei gekuppelte Schallöffnungen, wobei aber nur die in der Ostwand gelegenen und jetzt vom Dach der Kirche verdeckten Schallöffnungen ursprünglich sind. Langhaus und Chor haben an der Nord- und Südseite je zwei zweiteilige Fenster mit einem Vierpass in der Spitze; die gleichen Fenster befinden sich in der Ostwand der beiden Seitenschiffe, wobei das nördliche von der später dort angebauten Sakristei verdeckt ist; ein dreiteiliges Fenster mit einem Vierpass zwischen zwei Kreisen im Maßwerk in der Ostwand des Chores gibt diesem Licht. Das Hauptportal liegt im Ostjoch der südlichen Seitenschiffmauer, es hat einen geraden Sturz und ein Gewände aus beiderseits gekehlten, sich durchkreuzenden Birnstäben. Eine schlichte Tür in der Nordwand gegenüber ist vermauert. Ein dem Haupteingang ähnliches Portal mit einem einfach profilierten Gewände liegt in der Westwand des Turmes, ist aber jünger als dieser. Die in jüngerer Zeit erneuerten Strebepfeiler, an den Ecken des Langhauses und des Chores schräggestellt, stützen Mauerwerk und Gewölbe. Ein Kaffgesims führt um diese Strebepfeiler und das Südportal herum.

Die Halle ist breiter als lang, die beiden Mittelschiffjoche haben einen nahezu quadratischen, die Seitenschiffjoche einen langrechteckigen Grundriss. Im Verhältnis zur Gewölbehöhe sind die gedrungenen Pfeiler nur kurz: 3,50 m bis zum Kämpfer bei einer Höhe der Gurtbögen von 8,10 m und der Gewölbekappen von 10,60 m.

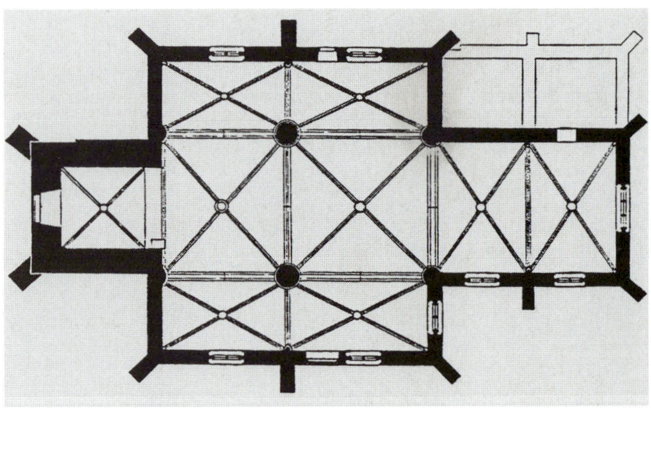

Herringen: St. Victor, Blick von der Empore in den Chor

Die im Zuge der Renovierung der Kirche und ihrer Absicherung gegen Bergschäden in den achtziger Jahren dieses Jahrhunderts erfolgte Absenkung des Bodens um ca. 30 cm hat dem Raum etwas mehr lichte Höhe gegeben und damit die genannten, ursprünglichen Maße verändert. Trotz der alle drei Schiffe im Westen durchziehenden Orgelempore erscheint der breit gelagerte Raum von großer Einheitlichkeit. Die Pfeiler haben einen zweifach gestuften Sockel und ein sich glockenförmig nach oben verbreiterndes Kapitell mit gekehlter Deckplatte. Die entsprechenden Stützen in den Chorecken sind etwas schmalere Dreiviertelsäulen und an der Westwand Halbsäulen. An den Längswänden stehen schlanke, runde Dienste mit einem zweistufigen fünfseitigen Sockel. Ihre Kapitelle haben im Chor die Form glatter Kelche mit ungleichmäßig fünfseitiger Deckplatte. In den Seitenschiffen sind Kapitell und Deckplatte regelmäßig fünfseitig gebildet. In den Ecken fehlen die Vorlagen; hier ruhen die Gewölbe auf Konsolen von gleicher Profilierung wie die Kapitelle.

Die Kreuzrippengewölbe sind in Chor und Halle verschieden. Die Bruchsteingewölbe des Chores haben leicht stechende Kappen mit geraden Scheiteln, die Backsteingewölbe der Halle dagegen sind sehr stark gebust. Scheidbögen und Chorbogen bestehen aus einem starken fünfseitigen Wulst. Die Gurtbögen zeigen das Profil eines beiderseits gekehlten Birnstabes. Die Rippen sind gekehlte Stäbe. Mit Ausnahme eines einfach abgekanteten Bogens vor dem Turm sind sonst keine Schildbögen vorhanden.

Herringen: St. Victor, Schlusssteine im Chorgewölbe

Als Schlusssteine dienen in der Halle runde Scheiben. Im Westjoch des Mittelschiffes erscheint ein Schlussring. Im Chor ist der östliche Schlussstein mit acht Ahornblättern verziert, von denen vier ein Hakenkreuz bilden, der andere Schlussstein hat eine einfache Blattrosette. Die Prägnanz der Einzelformen und die Exaktheit der Meißelarbeit in den Profilen nimmt vom Chor zur Halle hin ab *(Hans Thümmler)*.

In der nördlichen Seitenschiffwand befindet sich eine spätgotische Nische mit vorkragendem profiliertem Rahmen im Segmentbogenschluss. Sie birgt heute eine bei den Renovierungsarbeiten entdeckte romanische Säule mit Würfelkapitell, die offensichtlich aus einer Schallöffnung des Turmes stammt. Die jetzt dort befindlichen Säulen sind erneuert.

Die Kirche war einst reich ausgemalt. Noch vor ihrer Erneuerung in den Jahren 1900/01 wurden Wandmalereien aus dem 14. Jh. aufgedeckt, aber ihres schlechten Erhaltungszustandes wegen leider nicht gerettet. Es wird von einer „riesenhaften“ Figur des Hl. Christophorus an der Südseite der Westwand, dem Haupteingang direkt gegenüber, berichtet, die ein dort Eintretender nicht übersehen konnte. Ein im Angesicht dieses Heiligen schnell gesprochenes Gebet bewahrte nach dem Volksglauben vor jähem Tod am gleichen Tage, ohne die Sterbesakramente vorher empfangen zu haben *(Horst Appuhn)*. Auf der nördlichen Seite derselben Westwand wurden zwei Bilder aufgedeckt, die offensichtlich zu einem größeren Bilderzyklus gehörten: das eine den Einzug Christi in Jerusalem, das andere das Abendmahl darstellend. Reproduktionen von den seinerzeit gefertigten Fotos sind in der Kirche aufgestellt. Ihre szenische Fortsetzung fanden diese Bilder an der Wand des Nordwestjochs mit der Fußwaschung, Gethsemane, der Gefangennahme und dem Verhör Christi *(Dorothea Kluge, Wandmalereien)*. Dieser Bilderzyklus ist heute leider nicht mehr zu sehen. Im Gegensatz zu den Chorgewölbeflächen und den Wänden

Herringen: St. Victor, Weihekreuz auf einer Altarplatte

ist auf allen Gewölben des Langhauses noch alter Verputz mit Dekorationsmalereien – wohl um 1500 entstanden – entdeckt worden. Für eine Wiederherstellung im Zuge der letzten Renovierung boten sich jedoch nicht genügend Anhaltspunkte. Eine alte Altarplatte mit Weihekreuzen hat an der Ostwand des nördlichen Seitenschiffs nunmehr ihren Platz gefunden.

Der Chorraum wird von einem Fenster bestimmt, das, von Prof. Thol aus Gelsenkirchen 1952 entworfen, die Himmelfahrt Christi umrahmt von zehn Darstellungen aus seinem Leben zeigt. Von den beiderseits angebrachten Epitaphien aus Baumberger Stein ist das rechte für Anna, geb. von Pentlingk, Ehefrau des Johann von Hugenpoet in Gosewinkel, errichtet, die 1604 im Alter von 36 Jahren starb. Der Name ihres Geschlechts leitet sich von einem zum Kloster St. Pantaleon in Köln gehörenden Hof bei Hilbeck her.

Die große dreigeteilte Schrifttafel wird von zwei Hermenpilastern eingefasst, die außen von je fünf Wappen und Rollwerkfortsätzen mit Fruchtgehängen begleitet

Herringen: St. Victor, Epitaph für Anna von Pentlingk

werden. Links und rechts sowie über dem Gebälk sind die Wappen der zur Familie gehörenden Geschlechter zu sehen. Den seitlichen Abschluss dieser Wappenreihe bilden zwei Voluten, auf denen Putten als Symbole von Leben und Tod liegen. Bekrönt wird das Ganze von den beiden Hauptwappen der Eheleute Hugenpoet in einer Aedicula, auf deren Giebel sich zwei Putten und eine Pyramide erheben. Die außergewöhnlich dekorative Tafel steht formal in engem Zusammenhang mit den Epitaphien des Heinrich von Wrede und der Elisabeth von Pentlingk in der Pauluskirche in Hamm: Sie stammen aus der Werkstatt des Bildhauers Hans Lacke in Münster, gestorben 1618. Das Epitaph auf der linken Seite ist dem Gedenken der 1603 im Alter von drei Jahren verstorbenen Tochter der Eheleute Johann von Hugenpoet gewidmet. Die große zweiteilig beschriftete Tafel bringt eine wortreiche Inschrift, links in Antiqua, rechts in Fraktur. Sie gilt gleichfalls als Arbeit aus der Werkstatt von Hans Lacke.

Die Orgel mit 24 Registern von der Fa. Steinmann stammt aus dem Jahre 1973. Die Gemeinde bewahrt einen Abendmahlskelch mit dem Wappen von der Recke und eine dazu gehörende Patene, beide silbervergoldet. Sie stammen aus dem 14. Jh. und gelten damit als die ältesten erhaltenen Werke Hammer Goldschmiedekunst *(Karl Bernd Heppe, Kat. Nr. 8).*

Herringen: St. Victor, Abendmahlskelch aus dem 14. Jh.

Es gibt keine urkundlichen Anhaltspunkte für die Baugeschichte der Kirche, sie lässt sich nur aus der Stilgeschichte erschließen. Danach dürfte der Turm aus der Mitte des 12. Jh. stammen. Die gedrungene zweijochige Halle – oft breiter als lang – entspricht einer seit dem 13. Jh. in Westfalen häufiger anzutreffenden Raumvorstellung *(Franz Mühlen, Baukunst)*. Erinnert sei nur an Maria zur Höhe in Soest. Die Herringer Halle wird in die erste Hälfte des 14. Jh. datiert. Dem Wandel der Einzelformen wird man entnehmen dürfen, dass von Osten nach Westen fortschreitend gebaut worden ist.

Die im Jahre 1984 mit dem Neubau einer Heizungsanlage begonnene Renovierung des Kirchengebäudes – es musste eine Bergsicherung eingebaut werden, da sich bereits Risse im Gewölbe gezeigt hatten – ermöglichte der Mittelalter-Archäologie Grabungen im Kirchenboden, die einigen Aufschluss über die Vorgänger des jetzigen Kirchengebäudes brachten. Danach lässt sich als ältester Kirchenbau an dieser Stelle ein Saalbau mit Rechteckchor rekonstruieren, dessen Schiff mit etwa 6,10 m und dessen Chor mit 4,70 m Breite angenommen werden können. Das Mauerwerk aus kleinen plattenförmigen, in gelbgrünem tonigem Lehm verlegten Bruchsteinen hinterließ einen sehr altertümlichen Eindruck. So ist die Annahme erlaubt, es müsse sich um den Gründungsbau handeln, der im Jahre 1032 gestanden hat, als die Kirche in die Hand der Deutzer Abtei gekommen war. Als Nachfolger dieses Baues konnte ein weiterer Saalbau nachgewiesen werden, der mit einem angenommenen Grundmaß von 12,60 m x 9,10 m für das Langhaus schon erheblich größere Dimensionen aufwies. Die in den Fundamenten vorgefundene Mauertechnik ähnelt Vergleichsbeispielen in Westfalen aus romanischer Zeit, so dass man sie in das 11./12. Jh. datieren möchte. Im gleichen Zeitraum wurden im weiteren Hellwegbereich im Allgemeinen dreischiffige Kirchen errichtet, was nach dem Grabungsergebnis auch für Herringen nicht ganz ausgeschlossen werden kann. Eine einschiffige Anlage wäre aber auch nicht ungewöhnlich gewesen. Die im 19. Jh. abgebrochene Pfarrkirche St. Pankratius in Hövel entsprach diesem „älteren" Typus *(Gabriele Isenberg)*. Herringen darf somit zu Recht beanspruchen, die älteste kirchliche Gründung im Raum Hamm genannt zu werden.

Glocken

Das Geläute der Kirche ist über die Grenzen der Stadt hinaus bekannt geworden durch eine Glocke des 13. Jh. (**I**). Der einschlägigen Literatur zufolge enthält ihre lateinische Inschrift ein Chronogramm, in dem sich durch Addieren der Zahlbuchstaben die Jahreszahl 1216 ergibt, womit diese Glocke die älteste datierte und signierte nördlich der Alpen wäre. Jedoch ist diese Interpretation einer Inschrift des 13. Jh. als Chronogramm aus epigraphischen Gründen völlig ausgeschlossen. Gleichwohl wird diese Falschinterpretation aber bis heute immer wieder vorgetragen und publiziert, obwohl bereits 1880 der Inventarisator westfälischer Kunstdenkmale, Johann Bernhard Nordhoff, den Sachverhalt richtig eingeschätzt und das angebliche Chronogramm als „künstliche Auslegung" bezeichnet hat! Doch selbst unter der Annahme, dass die Glocke tatsächlich 1216 entstanden sei, wäre sie damit keineswegs die älteste datierte; denn in Randegg, einer kleinen Gemeinde am Bodensee, hängt eine Glocke von 1209.
Für die Datierung der Herringer Glocke, die sich durch eine klare und schöne Majuskelschrift auszeichnet (A [mit Kürzungsstrich] + SANCTVS VICTOR + BODO NOS FVNDEBAT; d. h.: Heiliger Victor + Bodo goss uns), darf aus stilistischen Gründen der Zeitraum des 13. Jh. als sicher gelten. Dabei sei dahingestellt, ob das A mit Kürzungsstrich am Anfang der Inschrift mit ANNO aufzulösen ist und sich die zugehörige Jahreszahl evtl. auf einer zweiten, später umgegossenen Glocke befand. Beispiele für die Aufteilung zusammengehöriger Textabschnitte auf zwei Glocken gibt es öfter, z. B. im Mindener Dom auf zwei Glocken von 1306.

Von den beiden anderen Glocken der Herringer Kirche zeigt sich die kleinere (**III**) als Werk des Tonnis *(Antonius)* Westerhues aus Münster. Er war der Sohn des berühmten Meisters Wolter Westerhues, der als Schüler des bekannten niederländischen Gießers Gerdt van Wous die westfälische Glockengießerei des ausgehenden Mittelalters nachhaltig prägte. Die Schulterzier zeigt einige der typischen, auf Wolter Westerhues zurückgehenden spätgotischen Ornamente.

Die mittlere Glocke (**II**) ist die jüngste des Geläutes, die 1719 von Jacobus Rincker, einem Vorfahren der noch heute in dem hessischen Ort Sinn bestehenden Glockengießerei, gefertigt wurde. Sie ist zwar unsigniert, doch auf Grund ihrer Aufmachung diesem Meister zuzuschreiben, der in jener Zeit mehrfach im Raum Hamm/Unna nachweisbar ist. Seit dem Guss dieser Glocke 1719 hat das noch in einem alten Holzglockenstuhl hängende Geläute keine Veränderung mehr erfahren.

Eine Turmuhr besitzt die Kirche heute nicht mehr. Das alte schmiedeeiserne Uhrwerk gelangte bereits vor dem Zweiten Weltkrieg (1934) als Leihgabe in das städtische Gustav-Lübcke-Museum. Das Werk ist wahrscheinlich mit jener Uhr identisch, die in den siebziger Jahren vom damaligen Direktor des Museums, Dr. Hans Wille (†), in einem Magazinkeller in schwer demoliertem Zustand aufgefunden und vom Vf., soweit möglich, wieder hergerichtet wurde. Ihre Bauart entspricht im Wesentlichen der schönen Uentroper Uhr von 1728, die damit aber vermutlich jünger ist als das Herringer Uhrwerk (s. Uentrop: Ev. Pfarrkirche).

Heutiger Bestand:

I	1. H. 13. Jh. Meister Bodo	Ton f´+9	Ø 1095 mm ~ 800 kg
II	1719 Jacobus Rincker	Ton f +3,5	Ø 1014 mm ~ 600 kg
III	1550 Tonnis Westerhues	Ton des"+1,5	Ø 690 mm ~ 180 kg

Herringen: St. Victor, Glocke I aus dem 13. Jh.

Herringen: St. Victor, Glocke III von 1550 (Westfälisches Amt für Denkmalpflege)

Pelkum: Evangelische Pfarrkirche St. Jacobus

Wie die Victor-Kirche in Herringen darf auch die Kapelle und spätere Pfarrkirche in Pelkum ein hohes Alter für sich in Anspruch nehmen. Das fränkische Patrozinium des Hl. Jacobus des Älteren und die Lage an der wichtigen Verbindungsstraße von Lippe und Börde-Hellweg lassen eine fränkische Gründung vermuten *(Heinrich Petzmeyer)*. Seit dem 11. Jh. blühte die Wallfahrt zum Grab des Apostels, den die Legende nach Compostela in Spanien verschlagen hatte. 1003 schenkte Erzbischof Heribert von Köln den Deutzer Benediktinern das „praedium Pilichheim", d. h. einen Hof in Pelkum, dessen Schulte, der Verwalter für den Grundherrn, später auch als Hofesrichter erschien. 1147 wird eine mit dem Schultenhof verbundene Kapelle erwähnt. Sie hat in mittelalterlicher Zeit nie Pfarrrechte erlangt, sondern stand immer im Herringer Kirchspielverband. Auch wenn in den achtziger Jahren des 16. Jh. die Reformation in Pelkum eingeführt wurde, blieb die Abhängigkeit von Herringen, das auf seinem Recht beharrte, die Stelle an der Pelkumer Kirche zu besetzen. Eine Änderung brachte wohl erst die Zuwendung der Gemeinde zum reformierten Bekenntnis im 17. Jh., das bis zur Einführung der Altpreußischen Union beibehalten wurde.

Die Kirche in ihrer heutigen Gestalt stammt aus drei Bauzeiten. Die ältesten Teile sind der Turm mit Ausnahme des obersten Stockwerkes sowie seine beiden seitlichen, pultförmigen Anbauten. Es sind Reste einer nicht mehr bestehenden romanischen Kirche, was äußerlich allerdings kaum noch zu erkennen ist. Der weiße Schlämmputz zum Schutz des grob geschichteten Bruchsteinmauerwerks hat nach der letzten Renovierung Mitte der siebziger Jahre den Gesamteindruck sehr vereinheitlicht. Der viergeschossige Turm erhebt sich auf quadratischem Grundriss völlig ungegliedert aus dem Unterbau. Die Südseite enthält im zweiten Stockwerk ein Schlitzfenster, das dritte Stockwerk hat ein solches im Süden, Norden und Osten, wobei das östliche Fenster vom Kirchendach verdeckt ist. Das Glockengeschoss, das im heutigen Bestand nicht zum ursprünglichen Bau gehört, hat vier rundbogige Schallöffnungen. Nach einem Abschlussgesims setzt darauf der Helm als schlichtes, vierseitiges Zeltdach an. Von Westen führt ein neugotisches Portal in die Turmhalle und von dieser eine moderne Tür zur Kirche. Die Turmhalle selbst ist völlig verbaut und lässt den ursprünglichen Zustand nicht mehr erkennen. Eine außen neben dem Türeingang angebrachte Marke verweist auf die preußische Landvermessung Anfang des 19. Jh., der die Kirchtürme im Lande als Richt- und Festpunkte dienten.

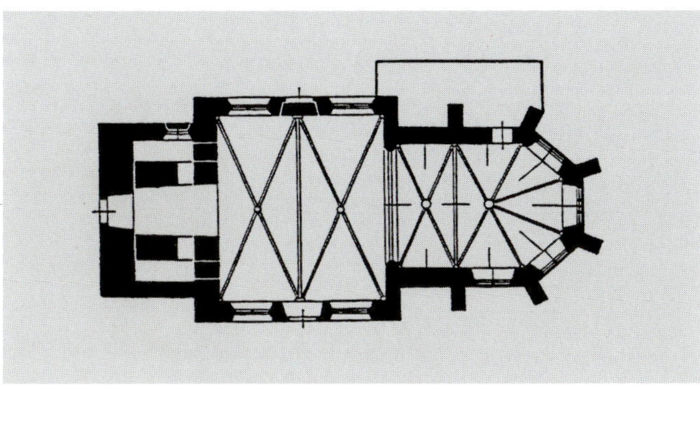

Pelkum: St. Jacobus, Landmarke an der Tür im Turm

Das Kirchenschiff ist ein querrechteckiger Saal, unterteilt in zwei schmale Gewölbejoche. Es wurde 1738/39 errichtet, nachdem der Vorgängerbau wegen Einsturzgefahr abgebrochen werden musste. Außen wie innen ist dieser Bau völlig schmucklos. Die beiden hölzernen Gewölbe werden von dicken runden Rippen und einem kantigen

Gurtbogen getragen, die nach einem unschönen Knick parallel an der Wand heruntergeführt sind und auf Holzkonsolen zusammenlaufen. Vier große Fenster sind rundbogig und mit Stabwerk spitzbogig unterteilt. Den Raum teilt eine im Westen angebrachte Empore, die in der Mitte ihrer Brüstung das Bild eines Pelikans trägt. Der mit seinem Schnabel die eigene Brust öffnende und mit lebensspendendem Blut seine Jungen nährende Vogel gilt seit frühchristlicher Zeit als Symbol für den Opfertod und die Auferstehung Christi. Über dem Südportal befindet sich außen die Kopie einer alten Tafel mit der hier übersetzten Inschrift: „Die Mauern dieses Hauses wurden aus dem alten baufälligen glücklich wiedererschaffen unter dem Beistand Gottes und der Fürsorge des Konsistoriums. Im Jahre des Heils 1738“ *(Claus Peter, S. 9)*.

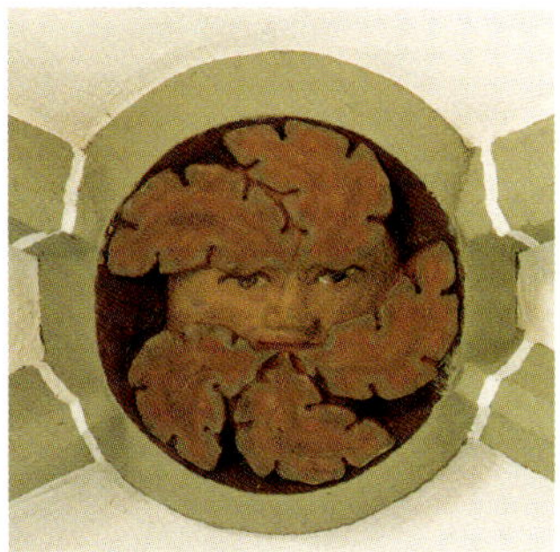

Pelkum: St. Jacobus, Schlusssteine im Gewölbe

Der eingezogene Chor mit querrechteckigem Vorjoch und 5/8-Schluss dürfte nach seiner Stilform in der ersten Hälfte des 14. Jh. entstanden sein. „Der im ganzen sehr schlicht gehaltene Bau zeigt gut aufeinander abgestimmte Proportionen und vermittelt einen festlichen Raumeindruck. Die Gewölbe tragen Birnstabrippen, die auf kleinen birn- oder kegelförmigen Konsolen ruhen und in zwei schönen Schlußsteinen enden (Gesicht mit rotierendem Blattwerk und Christuskopf). Der Chorbogen ruht auf kantigen Wandpfeilern, deren Kämpfer Platte, Kehle und Wulst zeigen“ *(Claus Peter, S. 11)*. Außen ist der Chor mit erneuerten Strebepfeilern besetzt. Das dreiteilige Ostfenster des Chores hat schönes, noch altes Maßwerk, während die übrigen Fenster bis auf wenige Reste in allen Einzelheiten erneuert sind.

Der Turm mit seinen beiden, jetzt von der Kirche getrennten, schmalen Nebenräumen im Süden und Norden gibt baugeschichtlich manche Rätsel auf. Sie konnten durch Grabungen, die wenige Tage vor einer umfassenden Renovierung des Bauwerks im Jahre 1974 möglich waren, weitgehend geklärt werden, wenn auch manche Fragen offen bleiben müssen. An Stelle des barocken Baus konnte eine Saalkirche mit eingebautem Westturm nachgewiesen werden, deren Kirchenschiff ca. 11,70 m lang und knapp 7 m breit gewesen sein muss. Der Turm stand, wie die Untersuchung ergeben hat, ursprünglich mit drei Seiten frei im Kirchenraum und öffnete sich im Erdgeschoss mit drei großen Bögen nach Norden, Süden und Osten. Dieser Westbau war nicht von der Kirche getrennt. Da keine Anzeichen einer Wölbung auszumachen sind, wird diese älteste Saalkirche flach gedeckt gewesen sein; das östliche Schlitzfenster im Turm lässt darauf schließen, dass die Decke wesentlich niedriger gewesen sein muss als das heutige Holzgewölbe. Der zu dieser Saalkirche gehörende Chor dürfte gerade geschlossen gewesen sein. Gewisse Parallelen zu dem zweiten Bau in Herringen, der für das 11./12. Jh. angesetzt wird, liegen nahe.

In einem zweiten Bauvorgang wurden die beiden schmalen Räume nördlich und südlich des Turmes nach Osten hin durch eine Wand mit einem schmalen offenen Bogen von der Kirche abgesondert und dort eine hölzerne Empore eingebaut. Ob damit eine Art Westwerk mit Herrschaftsloge bezweckt war, muss offen bleiben. Auch kleine Landkirchen in Westfalen hatten gelegentlich repräsentativ gestaltete Westbauten mit Kapellen im Obergeschoss, deren Vorbild monumentale Westwerke der Frühzeit wie das der ehemaligen Abteikirche in Corvey (Höxter) waren. Jedenfalls steht Pelkum damit nicht allein in der mittelalterlichen Baukunst des Landes. Vergleichbare West-Bauwerke befinden sich in den Kirchen zu Dahl und Wengern in der Nähe von Hagen. Heute ist in Pelkum von alldem kaum noch etwas zu erkennen. Der nördliche Turm-Nebenraum hat keinen Zugang mehr und ist nur noch von oben her zu erreichen, während sein südliches Pendant den Treppenaufgang zum Turm enthält.

Im Jahre 1902 wurden bei der Renovierung der Kirche im Chor unter mehrfachen Übertünchungen Wandgemälde freigelegt. In einem Bericht des damaligen Pfarrers an den Landeskonservator ist von einem etwa 2 1/4 m großen, thronenden Christus in der Apsis die Rede. Weitere Bilder sollen sich an den Wänden des Chores und an den Fenstergewänden befunden haben. Leider wurde bei einer späteren Renovierung 1928 der gesamte alte Putz im Chor abgeschlagen, um diesen neu auszumalen. Verschwunden ist auch der barocke Kanzelaltar aus der Mitte des 18. Jh. von dem Hammer Christoph Dörendahl, dem Schöpfer der noch existierenden Kanzelwand in der Lutherkirche. Die jetzige Kanzel ist nach einem Entwurf des Architekten Burghardt Mitte der siebziger Jahre ange-

Pelkum: St. Jacobus, Blick in den Chorraum

fertigt worden. Hinter dem Kanzelaltar war eine Sakristei errichtet und deshalb das mittlere Chorfenster zugemauert worden. 1903 wurde dieser Zustand korrigiert und das glücklicherweise erhaltene mittelalterliche Maßwerk wieder freigelegt. Das recht eindrucksvolle Glasfenster mit der Kreuzigungsgruppe stammt von dem Glasmaler Victor von der Forst aus Münster. Seine gelungene Komposition und farbliche Abstimmung setzt einen bedeutenden Akzent in der schlichten Kirche.

Pelkum: St. Jacobus, Fenster von 1928

Das Fenster an der Südseite ist eine Stiftung der Pelkumer Frauenhilfe aus dem Jahre 1928 zum Gedenken der Gefallenen des Ersten Weltkrieges und stellt heute ein seltenes künstlerisches Zeugnis aus jenen Jahren dar. Von den fünf Totenschilden der Familien von Hausen und von Eberswien sind nach dem letzten Krieg drei verschwunden. Zerstört wurde auch der einzige, bis in unsere Zeit erhaltene Grabstein des Gottfried Wilhelm von Hausen und seiner mit 31 Jahren verstorbenen Gattin aus dem Jahre 1759. Ein weiterer Grabstein vor dem Südportal ist völlig abgetreten und nicht mehr zu identifizieren.

Die Werkstatt Kleuker aus Brackwede fertigte 1960 für die Kirche eine neue Orgel, die allerdings wegen der ungünstigen Heizverhältnisse bereits nach 14 Jahren renoviert werden musste. Nach Einbau einer Elektro-Fußbodenheizung und weiteren Instandsetzungsarbeiten in den neunziger Jahren ist die Orgel wieder spielfähig.

Glocken

Die älteste Glocke der Kirche ist die 1404 gegossene und noch heute vorhandene, ehemals größte Glocke (heute **II**). Ihre schwer lesbare Inschrift nennt u. a. den sonst unbekannten Gießer „Mester Eilerd“ oder „Everd“. Auf der Flanke trägt die Glocke zwei Reliefs einer Mutter Gottes, einmal sitzend, einmal stehend. Von den anderen beiden berichten die seit 1661 erhaltenen Kirchenrechnungen, dass 1673 eine Glocke aus dem Turm genommen worden sei, wobei der Grund dafür nicht genannt wird.

Im Jahre 1700 wurde die kleine Glocke in Werl durch Bernhard Wilhelm Stule umgegossen. Dieser hatte dort zum Guss der großen Glocke für die dortige Propsteikirche eine Gussstätte eingerichtet, die er auch zur Abwicklung anderer Aufträge nutzte.

1826 war die mittlere Glocke zersprungen und musste von dem Westhofener Glockengießer Wilhelm Rincker umgegossen werden. Diese Glocke wiederum wurde im Ersten Weltkrieg vernichtet.

Im Jahre 1927 wurden als Ersatz zwei neue Glocken beschafft. Leider wurde dafür die kleine Glocke aus dem Jahre 1700 in Zahlung gegeben und durch Einschmelzen vernichtet. Im Zweiten Weltkrieg verblieb vom Geläute nur die große Glocke von 1404 im Turm.

1955 entstanden zwei neue Glocken (**I/III**). Da das Geläute nun unbedingt größer werden sollte, wurde dafür kurzerhand der alte, lt. Kirchenrechnung 1669 aufgerichtete Glockenstuhl zerstört und durch eine Stahlkonstruktion ersetzt.
Erhalten ist das Werk der 1678 gebauten, jedoch seit vielen Jahrzehnten stillgelegten Turmuhr, deren Zifferblatt sich einst oberhalb des Turmportals befand.

Heutiger Bestand:

I	1955 Petit & Gebr. Edelbrock	Ton g´- 2	Ø 980 mm ~ 550 kg
II	1404 Mester Eilerd/Everd	Ton b`+2	Ø 900 mm ~ 475 kg
III	1955 Petit & Gebr. Edelbrock	Ton c“± 0	Ø 750 mm ~ 250 kg

Berge: Evangelische Pfarrkirche

„Das Kirchdorf Berge liegt auf dem Nordhang des Höhenzuges von Rhynern nach Bönen, der das Lippetal vom Hellweg trennt. Die Gemeinde zerfiel früher in ein Ostberge, das in der Pilsheide markenberechtigt war, und ein Südberge, das zur Selmiger Mark gehörte. Für sich lagen Schulzenhof und Kirche“ *(Helmut Richtering, BKD S. 75)*. Im Jahre 1147 bestätigte Papst Eugen III. dem Deutzer Stift St. Heribert den Besitz an Hof und Kirche in „Burge“, der auf die Schenkung des Erzbischofs Heribert Anfang des 11. Jh. zurückgehen dürfte. Also gab es wahrscheinlich schon zu dieser Zeit einen bischöflichen oder königlichen Hof mit einer Hauskapelle, die Pfarrrechte erworben hatte. 1269 wird bei einer Stellenbesetzung der Kapelle in Hamm, die damals noch zu Mark gehörte, u. a. der Geistliche von Berge erwähnt. Bei der Verselbstständigung der Kirche in der Stadt Hamm 1337 wurden die Grenzen der neuen Pfarrei bezeichnet. Danach reichte die große Kirchengemeinde Herringen bis zum Westentor, das Gebiet der Kirchengemeinde Mark begann mit dem Kleinen Exerzierplatz und südlich des Verlaufes der alten Ahse lag das Kirchspiel Berge. Seit dem 1. 1. 1968 gehört Berge politisch zu Hamm.

Wie aber die Pfarrkirche in Berge ausgesehen hat, ist unbekannt. Wahrscheinlich hat bis zum Abriss 1782 noch die bis in die frühe Zeit zurückreichende Kapelle gestanden, die etwa den Raum unter der heutigen Orgelempore umfasst haben mag. Nach den Unterlagen im Kirchenarchiv waren ihre Mauern Ende des 18. Jh. stark baufällig *(Werner Regel)*. Erhalten geblieben ist der etwas breitere, rechteckige Chorraum, mit dem diese Kapelle etwa Ende 13./Anfang 14. Jh. nach Osten hin erweitert worden ist. Aus dieser Bauphase stammt das Ostfenster, dessen Maßwerk an die schlichte Baugesinnung der Zisterzienser denken lässt, die seit Anfang der siebziger Jahre des 13. Jh. ein Frauenkloster in Hamm unterhielten. Gegen Ende des Jahrhunderts siedelten sie wegen der vielen Brände in der Stadt auf den ihnen vom Grafen Everhard angewiesenen Haupthof Kentrop über und bauten dort neu. Ihre Klosterkirche ist 1295 geweiht und leider nach der Säkularisation Anfang des 19. Jh. abgerissen worden. Das Kloster Kentrop besaß später Grundbesitz in Berge, so dass von daher durchaus Beziehungen bestanden haben. Der durch die Chorerweiterung in Berge geschaffene Raum dürfte der Kirche des Klosters Kentrop ähnlich gewesen sein *(Manfred Wolf)*.

Berge: Ev. Pfarrkirche, Blick in den Chorraum

Über den Bau des mächtigen, 6,50 m x 7,00 m großen, in drei Geschossen aufsteigenden Turmes fehlen alle Daten. Das Mauerwerk besteht aus grünem Sandstein in kleinen Quaderschichten, die außen dick verputzt sind. Dieser Turm dürfte im 14./15. Jh. westlich an die alte Kapelle angebaut worden sein. In ihm befindet sich eine von dem Soester Meister Herman Vogel, einem der besten Glockengießer seiner Zeit, gegossene Glocke mit einer Inschrift, deren Jahreszahl nicht ganz deutlich als 1504 oder 1519 zu entziffern ist. Zu diesem Zeitpunkt muss der Turm also vollendet gewesen sein. Um die Mitte des 16. Jh. war in Berge der Pfarrer Gotthard Schiene tätig; für die Kirche in Flierich, die er zugleich zu betreuen hatte, ist sein Bekenntnis zum Luthertum erwiesen. 1642 wurde Eberhard Hermeling aus der Mark Pfarrer in Berge, fortan hielt man sich bis zum Unions-Vertrag im Jahre 1822 zum lutherischen Bekenntnis *(Werner Regel).*

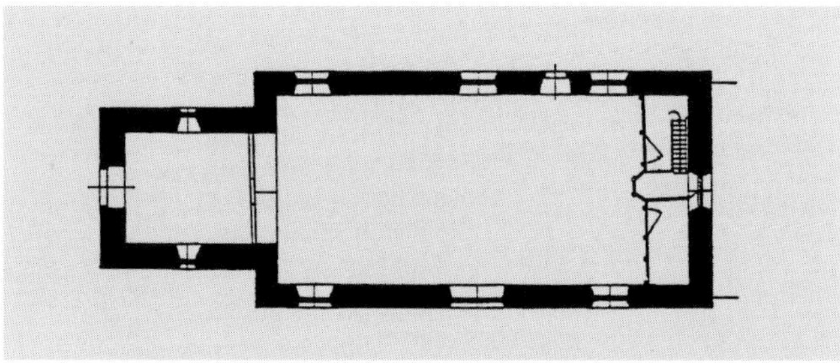

Zerstörungen und Plünderungen im Dreißigjährigen Krieg sowie spätere Einfälle französischer Truppen während der Auseinandersetzungen zwischen Ludwig XIV. und Holland, mit dem der Große Kurfürst und Landesherr der Grafschaft Mark verbündet war, haben der Kirche arg mitgespielt. Mit der Wiederherstellung des großen Kirchendaches im Jahre 1715 leistete die verarmte kleine Gemeinde ihr Äußerstes. Erst Ende des Jahrhunderts sah sich der Pfarrer in der Lage, seinen Hofesleuten erneut Belastungen für eine gründliche Renovierung der Kirche zuzumuten; die noch stehenden Mauern der ursprünglichen Kapelle drohten einzustürzen. 24 Fuß lang wurden die Wände auf beiden Seiten von Grund auf neu ausgeführt und mit den Mauern des Chores in eine Flucht gesetzt. Dabei verschwand die östliche Mauer der alten Kapelle, die wohl nur durch einen großen Spitzbogen zum spätgotischen Chor hin durchbrochen gewesen war. Möglicherweise hat die Sandsteinumfassung dieses Bogens für das große Fenster auf der Südseite des Neubaues Wiederverwendung gefunden. Im Stil des beginnenden Klassizismus war damit ein großer Saal zwischen den aus spätgotischer Zeit stammenden Bauteilen, Turm und Chor, geschaffen worden.

Das alte spätgotische Ostfenster im Chor, zwei neue im Chorraum geschaffene Fenster sowie ein weiteres an der Nordseite und das bereits erwähnte große Fenster auf der Südseite spenden diesem großen Raum viel Licht.
Eine neue Sammlung in der Gemeinde brachte die notwendigen Mittel, um 1796 eine Kanzel über dem Altar durch die Gebrüder Sodenkamp „aus dem Kölnischen" erstellen zu lassen. Sie fand Halt an einer Holzwand, durch die der hintere Chorraum als Sakristei abgeteilt wurde. 1865 durchbrach man die Wand zum Turm und setzte dort ein Westportal ein – bis dahin befand sich der Haupteingang ungefähr dort, wo jetzt die Tür zu der neu gebauten Sakristei ist. Dieser neue Westzugang wurde 1886 zum Haupteingang und erhielt mit drei neuen Fenstern mehr Licht. Die Bestattungen um die Kirche herum wurden 1887 eingestellt, 1901 erhielten Kirche und Turm einen Zementspritzbewurf, da sich das Mauerwerk als unerwartet schlecht erwiesen hatte.

Eine völlige Renovierung des Kircheninneren 1957/58 führte zur Einbeziehung des Turmdurchganges in das Kirchenschiff. Die Sakristei am Ostende des Chores wurde abgerissen, die Kanzel ohne Schalldeckel an die Nordseite verlegt und der hölzerne Altar durch einen steinernen ersetzt. Damals erhielt die Kirche auch eine neue Orgel mit acht Registern der Firma Steinmann. 1982/83 schließlich bekam die Saalkirche ihre jetzige Gestalt im Zuge einer Gesamtinstandsetzung, bei der auch die neuen Nebenräume nördlich des Chores in moderner Form errichtet wurden. Die Fenster mit Laibung und Verglasung wurden ausgewechselt, die beschädigte spätgotische Sakramentsnische gereinigt und befestigt sowie die hölzerne Taufe von 1687 rechts im Chor aufgestellt. Ihr entspricht ein modernes, im Stil angepasstes Lesepult auf der linken Seite. Den auf diese Weise erreichten geschlossenen Gesamteindruck unterstützt die neue Farbgebung des Architekten Rudolf Finger aus Unna.

Berge: Ev. Pfarrkirche,
Reliefplatten an der Ostwand von Heinrich Gerhard Bücker

Berge: Ev. Pfarrkirche, Kruzifix von Heinrich Gerhard Bücker

Seine zeitgenössischen Akzente erhält dieser hell und festlich wirkende Raum durch das große Kruzifix über dem Altar, durch die Reliefplatten der vier Evangelisten an der Ostwand links davon sowie durch drei Tafeln mit Reliefdarstellungen rechts vom Altar mit Abendmahl, Moses am Dornbusch (2. Mose 3.14) und der Taufe (Mt. 3.11), die der Künstler Heinrich Gerhard Bücker aus Beckum-Vellern geschaffen hat. Von ihm stammen auch die Pietà in der Sakramentsnische an der Südwand und ein kleiner Matthäuskopf aus Holz in der Sakristei. Die schlichte und kunstgeschichtlich völlig unbedeutende Kirche in Berge – nicht einmal ihr Patrozinium und damit ihr alter Name sind bekannt – dürfte mit dieser Neu- und Ausgestaltung durch einen der Künstler unserer Zeit ihren besonderen Rang im Kreis der hier besprochenen Gotteshäuser gewonnen haben.

Glocken

Konstruktive Merkmale des vermutlich spätmittelalterlichen Bockstreben-Glockenstuhles deuten darauf hin, dass das Geläute dieser Kirche einst drei Glocken umfasst haben könnte. Kenntnis haben wir jedoch nur von zweien. Die größte (**I**) ist ein schöner Guss des Meisters Herman Vogel. Die feinen spätgotischen, die Schulterinschrift begleitenden Ornamente gehen auf den niederländischen Gießer Gerdt van Wou zurück, dessen Schüler Herman Vogel war. Zunächst in der Altmark im Raum Stendal tätig, ließ sich Vogel später in Soest nieder und belieferte von hier aus zahlreiche westfälische Kirchen. Die Jahreszahl der Berger Glocke (XVIIII = 19) ist nicht vollständig dargestellt und entbehrt auch der notwendigen Kürzungszeichen. Man kann sie sowohl zu 1504 auflösen, es müsste dann korrekt heißen: xv^{c} iiii. Die Jahreszahl könnte aber auch das Jahr 1519 bedeuten, wenn man davon ausgeht, dass der Gießer aus Platzgründen die Jahrhundertangabe (MCCCCC) weggelassen hat, was sehr wahrscheinlich ist. Mit diesem Datum 1519 wäre sie die letzte nachweisbare Glocke des Meisters. Von der zweiten Glocke berichtet das 1696 begonnene Rechnungsbuch der Kirche, dass sie 1746/47 umgegossen wurde. Ein weiterer Umguss erfolgte 1854 durch Wilhelm Rincker aus Westhofen. Diese Glocke wurde im Ersten Weltkrieg zerstört. Die 1925 als Ersatz beschafften Eisenhartgussglocken der Fa. Schilling & Lattermann/Apolda (Töne as´ und b´) haben sich inzwischen als abgängig erwiesen und mussten 1998 durch zwei neue Glocken (**II/III**), gegossen von der Fa. Bachert (Heilbronn), ersetzt werden.

Heutiger Bestand:

I	1519 Herman Vogel	Ton f´-3	Ø 1082 mm ~ 800 kg
II	1998 Bachert	Ton as´+2,5	Ø 980 mm ~ 600 kg
III	1998 Bachert	Ton c‘‘-1	Ø 795 mm ~ 310 kg

Berge: Ev. Pfarrkirche, Glocke I von 1519

Rhynern: Katholische Pfarrkirche St. Regina

Der auf dem Höhenrücken zwischen Lippetal und Hellwegmulde liegende Ort Rhynern war Ende des 18. Jh. noch Mittelpunkt eines Kirchspiels mit den Gemeinden Freiske, Allen, Wambeln, Süddinker, Osttünnen und Westtünnen und gehört seit dem 1. 1. 1975 zu Hamm. Für eine von der örtlichen Tradition angenommene Gründung durch den Hl. Liudger, den Missionar der Friesen und Sachsen *(Hermann Eickhoff)*, gibt es keine Belege; doch besaß der Bischof von Münster bis ins hohe Mittelalter hinein einen Haupthof in Rhynern, den er 1302 samt der damit verbundenen Gerichtsbarkeit an die Grafen von der Mark verpfändete; diese haben die willkommene Arrondierung ihres Territoriums nie wieder herausgegeben.

Nach ihren um die Jahrtausendwende entstandenen „Urbaren", das sind Auflistungen des Grundbesitzes und der daraus zu beanspruchenden Erträge, bezogen die Mönche des vom Hl. Liudger gegründeten Klosters Werden Einnahmen von mehreren Höfen in „Rinheri". Albert K. Hömberg hat die Frage aufgeworfen, ob sich dieser Name etwa aus einem älteren „Reginheri" entwickelt habe und damit die Entstehung des Gotteshauses bis in das 10. Jh. oder sogar Ende des 9. Jh. zurückreichen könne, in dem dieses Gebiet besiedelt wurde. Zwar wird das von der Sprach- und Namensforschung nicht bestätigt, doch spricht das Patrozinium der Hl. Regina für ein hohes Alter der Kirche. Die Reliquien der heiligen Regina, die der Legende nach im 3. Jh. in Alesia, dem heutigen Alise-St.-Reine, das Martyrium erlitten haben soll, wurden im Jahre 864 in die burgundische Abtei Flavigny überführt. Seither verbreitete sich ihre Verehrung und erreichte Rhynern möglicherweise über Osnabrück. Im dortigen Domschatz befindet sich ein 1312 für ihre Reliquien gestifteter Schrein, dem leider im Dreißigjährigen Krieg die Figuren abhanden gekommen sind. In der Diözese Münster wird die Heilige nur noch in der Kirche von Drensteinfurt verehrt, deren Wurzeln auf einen Hof zurückgehen, der dem Bischof von Osnabrück gehörte *(Johannes Bauermann)*. Nach alter Überlieferung sollen die Gebeine der Heiligen zusammen mit Reliquien des heiligen Brüderpaares Crispin und Crispinius als Geschenk Karls des Großen etwa um 805 nach Osnabrück gelangt sein, möglicherweise führte der Weg über Rhynern. Auch der nur vorübergehende Aufenthalt der Reliquien eines Märtyrers auf dem Weg zum Bestimmungsort war oft Anlass, ihn an einem solchen Ort der Rast zu verehren. Endlich aber wird auch eine Beteiligung des Kölner Stiftes St. Kunibert an der Gründung Rhynerns für denkbar erachtet, bezog dieses Kloster doch noch im 14. Jh. den Zehnten aus dem Kirchspiel *(Josef Lappe, Rhynern)*.

Die Lage an den Fernstraßen von Dortmund nach Paderborn und Soest nach Münster wird die Entwicklung des Ortes begünstigt haben und mag den Kirchenbau im dritten Viertel des 12. Jh. mit den bedeutenden Ausmaßen erklären: innere Länge zwischen Turm und Chorwand 28,50 m, die des Querhauses 18,25 m, die Höhe des Mittelschiffes rd. 10 m. Die Gründung der Stadt Hamm im Jahre 1226 und deren Förderung durch den Landesherrn könnte andererseits die Ursache dafür sein, dass Rhynern eine Entwicklung über eine dörfliche Siedlung hinaus versagt blieb und die neue Großstadt Hamm mit der Kommunalreform von 1975 zu einem bedeutenden Denkmal aus staufischer Zeit gelangt ist.

Dass der heutige Bau nicht der erste auf dem noch zum Teil von alten Fachwerkhäusern umgebenen Kirchplatz gewesen ist, zeigte sich bei umfangreichen Erweiterungs- und Umbauarbeiten, die in den Jahren 1871/72 durchgeführt wurden. Beim Abbruch der schmalen, tonnengewölbten romanischen Seitenschiffe stieß man auf sieben oder acht sogenannte Totenbäume. Einige lagen mit ihren Enden unter dem Fundament des Kreuzflügels der Kirche, die anderen so nahe an dem Fundament des Langhauses, dass die Kirche notwendig über sie hinweggebaut worden sein muss. Das Fehlen von Beigaben sowie die Ausrichtung der Baumsärge sprechen eindeutig für Bestattungen aus christlicher Zeit, in der man seine Toten möglichst nahe der Kirche ruhen lassen wollte. Seinerzeit sind die Funde nicht näher untersucht worden. Die Baumsärge wurden „nachdem dieselben längere Zeit von den Vorübergehenden angestaunt und bewundert auf dem Platz gelegen hatten und durch den Sonnenbrand sehr geschädigt waren, ...vom Kirchenvorstand den Armen im Armenhaus zum Verbrennen geschenkt" *(Kaspar Terborg)*. Bessere Behandlung hat ein am 30. 12. 1958 bei Fundamentarbeiten an der Kirche entdeckter Baumsarg erfahren. Seine sorgfältige Anpassung an die Schädelform des Toten erlaubt den Schluss, dass er speziell für den etwa 40 bis 60 Jahre alten Mann von ca. 1,70 m Körpergröße gefertigt worden sein muss. Die im Zuge umfangreicher Restaurierungsarbeiten durch das Westfälische Museumsamt durchgeführte dendrochronologische Untersuchung hat ergeben, dass der Eichenstamm

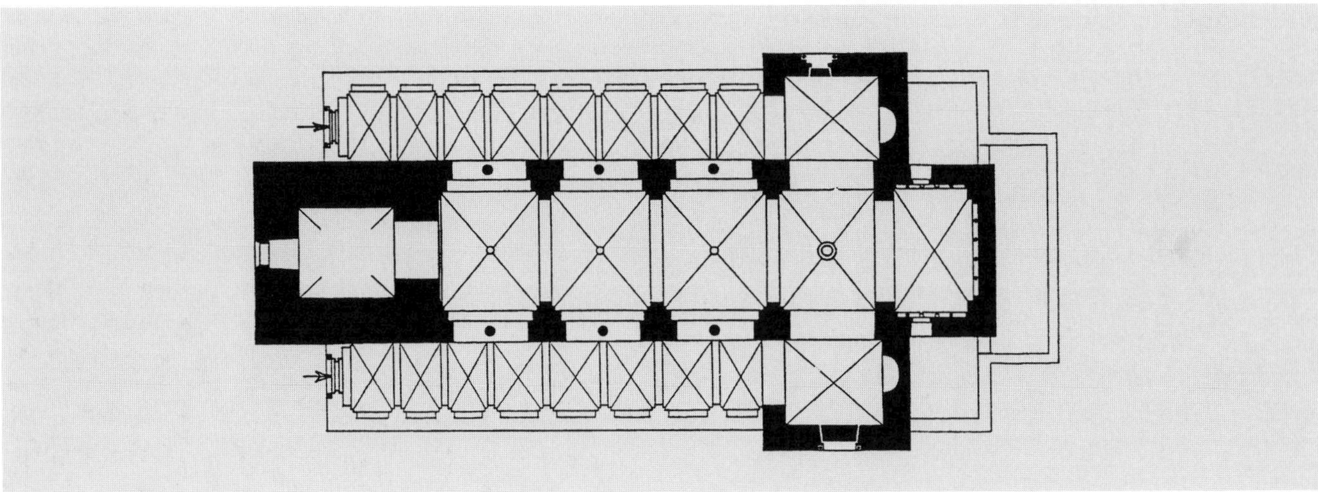

ca. 935 n. Chr. gefällt worden sein muss. Weil saftfrisches Holz sehr viel leichter zu bearbeiten und, wie in diesem Fall geschehen, den Körperformen anzupassen ist als bereits getrocknetes, spricht die Datierung dieser Bestattung für die Existenz einer Kirche Mitte/Ende des 10. Jh. an dieser Stelle. Der Baumsarg befindet sich heute im Gustav-Lübcke-Museum.

Trotz erheblicher baulicher Veränderungen im 19. Jh. hat die in heimischem Sandstein erbaute heutige Kirche ihren ursprünglichen Charakter als romanische Gewölbebasilika mit Querhaus, querrechteckigem Chor und mächtigem Westturm eindrucksvoll bewahrt. „Rhynern steht somit in einer Gruppe mit bedeutenden Vorgängerbauten wie der St.-Petri-Kirche in Soest um 1175 oder Dorfkirchen wie in Dortmund-Aplerbeck, Opherdicke oder Brackel“ *(Hans Walter Stork, Kirchenführer)*. Vom Ursprung erhalten geblieben ist der „klotzige Turm“ *(Georg Dehio)*. Mit seinem steilen, wohl aber erst der Zeit der Gotik entstammenden Pyramidenhelm, der seit 1963 kupfergedeckt ist und bis auf eine Höhe von 56 m aufragt, beherrscht er Bauwerk und Kirchplatz. Ursprünglich sind auch das Querhaus mit einer unterquadratischen Vierung und zwei schmaleren Kreuzarmen mit halbrunden Wandapsiden in den Ostmauern. Seine alten Kreuzgratgewölbe ruhen ohne Vorlager auf den Wänden bzw. auf den Pfeilern der Vierung. Das Langhaus musste Anfang der zwanziger Jahre des 19. Jh. für Benutzer geschlossen werden, weil die starken Bruchsteinkappen des Gewölbes die Obergadenwände so sehr hinausgedrückt hatten, dass diese einzustürzen drohten. Bei den 1870 begonnenen Arbeiten zur umfassenden Erneuerung und Erweiterung der Kirche sind die Mittelschiffgewölbe durch Ziegelmauerwerk unter Wiederverwendung der alten romanischen Schlusssteine aus dem 13. Jh. erneuert worden. Die Fenster des Obergadens erhielten dabei ihre für einen Bau des 12. Jh. in Westfalen befremdend wirkende Rundung, die offenbar den Großbauten der rheinischen Spätromanik abgeguckt war; original sind nur noch die Fenster in den Ostteilen. An Stelle der alten tonnengewölbten, mit Stichkappen versehenen schmalen Seitenschiffe entstanden breitere Neubauten, die bis zur Hälfte des Turmes und fast bis an die Fronten des Querhauses reichen, mit Portalen an der Westseite. Bei den Erweiterungsbauten der siebziger Jahre des 19. Jh. erhielt der Chor rechts und links Sakristeianbauten, die 1931 hinter dem Chor baulich miteinander verbunden wurden, um Raum für eine Heizanlage zu schaffen. Artilleriebeschuss zerstörte 1945 das nördliche Seitenschiff fast völlig, und bei dem baldigen Wiederaufbau nach Kriegsende entstand dort eine Kriegergedächtniskapelle. Das Mauerwerk des Turmes musste mehrfach saniert und in den äußeren Schichten schließlich ersetzt werden. Dabei sind die in zwei Reihen übereinander befindlichen sechs Schallöffnungen nach allen vier Seiten wieder geöffnet worden (1963-1981).

Betritt man die Kirche durch die neuerdings wieder geöffnete niedrige Tür an der Westseite des Turmes, gelangt man zunächst in einen quadratischen, hallenartig wirkenden Raum, der, nachdem eine Zwischendecke entfernt worden ist, nunmehr eine Höhe von 7,50 m erreicht. Eine schmale Treppe an der Nordseite führt zu der heutigen Orgeltribüne empor, vor der sich vier Arkaden in Stützenwechsel zum Kirchenschiff hin öffnen. Der Blick dorthin wird allerdings durch die Orgel verstellt. Die Frage, ob es hier auch eine Westempore gegeben hat, wie bei St. Jacobus in Pelkum, hat Hans Thümmler aufge-

Rhynern: St. Regina, Bogenöffnung zum Langhaus im Turm

worfen. Die Turmhalle dient jetzt als Taufkapelle und öffnet sich mit einem gedrungenen Bogen zum Mittelschiff hin. An diesem Bogen sowie an der Eingangstür lassen sich die 2,40 m dicken Turmfundamente erfassen. Das Langhaus wird beherrscht von den mächtigen Pfeilern und Wandvorlagen, die die flachen, 1871 erneuerten Gewölbe halten und von diesen nach außen gedrückt werden. 1958/61 sind die Gurtbögen in grünem Sandstein und zum großen Teil auch die Pfeilerfundamente erneuert worden. „Das basilikale Schema im gebundenen System ist klar ablesbar: Ein dreijochiges Mittelschiff wird von zwei halb so breiten Seitenschiffen begleitet. Die Hauptschiffwände werden durch einen Stützenwechsel rhythmisiert: Pfeiler und Säulen wechseln einander ab… Die äußerst plastische Gliederung der Hauptschiffwände ist konsequent durchgehalten: Vor die Wand sind Vorlagen gestellt, die die längsgerichteten Schildbögen tragen; davor wiederum stehen kräftige Lisenen, welche die Jochbögen tragen“ *(Hans-Walter Stork, Kirchenführer)*. Da auch die umfassenden Renovierungsarbeiten in den Jahren nach dem Zweiten Weltkrieg keinen alten Befund ergeben haben, folgt die Ausmalung von 1985/86 dem Vorbild von St. Patrokli in Soest, denn dort konnte die alte Wandgestaltung aus dem 12. Jh. stellenweise aufgedeckt werden.

Der gerade geschlossene Chorraum wird durch Wandarkaden ausgezeichnet, die auf einer Sohlbank stehen; in ausgeprägter Form begegnet uns dieses Dekorationselement in der Stiftskirche zu Freckenhorst und könnte damit wiederum nach Osnabrück auf den ehemaligen Westchor im Dom verweisen *(Hans Thümmler)*. An der Südwand des Chores sind die Arkaden ergänzt, dort war eine Tür zum Sakristeianbau gebrochen worden. Wenige, aber vorzügliche Steinmetzarbeiten zieren den Bau: In der Kämpferplatte des südwestlichen Vierungspfeilers wird eine liegende Gestalt sichtbar; andere Kämpferplatten zeigen Blattwerk, sonst Würfelbänder. Die die Arkaden des Langhauses teilenden Säulen haben Würfelkapitelle mit Schilden und Eckgraten sowie attische Basen und Eckblätter. Die wieder verwendeten, wohl aus dem 12. Jh. stammenden Schlusssteine zählen zu den ältesten ornamentierten Schlusssteinen Westfalens *(Hans Thümmler)*. Das Vierungsgewölbe zeigt einen jüngeren, ringförmigen Schlussstein.

Im Gegensatz zu den Nachbargemeinden blieb das Kirchspiel Rhynern im Reformationszeitalter überwiegend dem katholischen Glauben treu, wenngleich ihm jahrzehntelange Kirchenkämpfe nicht erspart blieben und die Konfession mit den jeweils besitzenden Kriegsparteien wechselte. Erst nach dem Westfälischen Frieden 1648 erhielt die kleine evangelisch-reformierte Gemeinde unter dem Schutz des Landesherrn ihren eigenen Kirchenbau. So konnte die alte Reginenkirche eine Reihe von kostbaren Kunstwerken ihrer alten Ausstattung bewahren.

Das älteste Stück ist der romanische Taufstein aus gelbem Sandstein von Anfang des 13. Jh.: Höhe 74 cm, oberer

Rhynern: St. Regina, Taufstein von Anfang des 13. Jh.

Rhynern: St. Regina, Langhaus und Chor

Durchmesser 97 cm. Der mächtige aus einem Block gearbeitete Zylinder hat nur wenig Verzierungen, er besteht aus einem gekehlten Wulst über einer modernen Sockelplatte und einem schlicht gearbeiteten romanischen Blattfries am oberen Rand. Der kupferne Deckel mit der Taube des Hl. Geistes ist neu.

Das bedeutendste Ausstattungsstück der Kirche ist der flandrische Schnitzaltar im Chor, dessen Maße allein schon imponieren: bei geöffneten Flügeln 2,60 m auf 5,40 m und Mittelschrein 2,60 m auf 2,70 m. Er stammt aus den Werkstätten der St.-Lukas-Gilde in Antwerpen, die das mit ihrer wiederholt in das Schnitzwerk eingebrannten Marke, einer kleinen geöffneten Hand, beglaubigt haben – vergleichbar dem Beschauzeichen einer Goldschmiede. In Aufbau und Ikonographie verwandte Schnitzaltäre der zu Beginn des 16. Jh. weithin gerühmten Antwerpener Werkstätten befinden sich in Haltern (St. Sixtus), Osnabrück (Marienkirche) und Schwerte (Ev. Pfarrkirche). Ein bis in die Einzelheiten nahezu übereinstimmendes Werk steht in der Ev. Pfarrkirche zu Lünern, unweit von Rhynern; dieser Altar hat auch das frei stehende Gesprenge auf seinem Schrein und die Predella mit einer großfigurigen Szene der Grablegung bewahrt, entbehrt aber der gemalten Flügel.
In geöffnetem Zustand werden die in Haupt- und Sockelzone unterteilten Felder des Rhyner Mittelschreins sichtbar. Mit vielfigurigen Darstellungen aus der Lebens- und Leidensgeschichte Christi sind sie kunstvoll in sich nach hinten verjüngende Tröge geschnitzt. Im mittleren Hauptfeld unter einem dreiteiligen Baldachin ist ein volkreicher Kalvarienberg zu erkennen: Auf drei Bildebenen agiert eine Vielzahl von Personen, gruppiert um den Gekreuzigten und die beiden Schächer rechts und links von ihm,

Rhynern: St. Regina, Schnitzaltar um 1520

darunter zu Pferde der Hauptmann und Pilatus sowie Longinus und weitere Soldaten, im Vordergrund disputierende Gaffer und links die Gruppe der trauernden Frauen mit Maria. Dieses „Theatrum sacrum“ wird architektonisch umrahmt von kunstvoll geschnitzten Baldachinen, die seitlich auf kleineren aufbauen. In den Hohlkehlen sind im Mittelfeld sechs der sieben Sakramente geschildert: Taufe, Buße, Eucharistie, Firmung, Weihe, Ehe. Das siebte, die Krankensalbung, hat seinen Platz auf der linken Seite der Kreuztragung, dem Hauptthema des großen geschnitzten Feldes links vom Mittelteil, in dessen Halbkreisbogen rechts oben die Dornenkrönung steht. Im großen geschnitzten Feld rechts vom Mittelteil befindet sich als Hauptdarstellung die Kreuzabnahme, begleitet kleinfigurig oben von der Geißelung und der Erscheinung Christi als Gärtner vor Maria Magdalena. Die Verbindung der sieben Sakramente mit der Darstellung des leidenden Christus gilt als Hinweis auf die den ganzen Menschen umfassende Heilswirksamkeit des Kreuztodes Christi *(Hans Walter Stork, Kirchenführer)*. Im mittleren Bereich finden sich unten in den kleineren quadratischen Feldern die Geburt Christi, wobei die Krippe mit dem Kind fehlt, und die Anbetung der Hl. Drei Könige; links die Vermählung und die Verkündigung an Maria, rechts die Beschneidung und die Darstellung Jesu im Tempel.
Die gemalten Flügel enthalten im geöffneten Zustand links das Abendmahl und die Gefangennahme, rechts Himmelfahrt und Pfingsten, oben links Christus vor Pilatus, oben rechts Christus und Maria. In dem zur Passionszeit geschlossenen Zustand stellen die gemalten Flügel von links nach rechts dar: Christi Einzug in Jerusalem, Judas erhält den Verräterlohn, die Kreuzabnahme, die Grablegung, oben links Christus und die Samariterin, oben rechts den Abschied von Maria. 1997 gereinigt und in neuer, tiefer Position aufgestellt, zeigt sich dieser große, in alter Fassung weitgehend erhaltene Passionsaltar in eindringlicher Schönheit, den Chor und das Langhaus der Kirche beherrschend.
Auch der Zelebrationsaltar von 1986 ist neu aufgestellt worden und birgt das ehrwürdigste Kunstwerk der Kirche unter sich: den Schrein mit Reliquienpartikeln der Kirchenpatronin, der Hl. Regina. Dank Osnabrücker Hilfe konnte dieser Schrein wieder mit Reliquien der Heiligen gefüllt werden, nachdem solche in früheren Kriegszeiten verloren gegangen waren. Die Legende berichtet, dass die Heilige ihres christlichen Glaubens wegen in den Kerker geworfen, dort ein von der Erde bis in den Himmel reichendes Kreuz erblickte, auf dessen Spitze eine Taube saß, die ihr die Märtyrerkrone für ihre Leiden verhieß. Als junges Mädchen von 14 oder 15 Jahren soll sie in der blutigen Christenverfolgung unter Kaiser Decius 251 in Alesia den Tod erlitten haben. Durch Inschrift in das Jahr 1457 datiert, ist das „Goldene Haus“ ein spätes Zeugnis eines Reliquiar-Typs, der seine höchste künstlerische Ausformung im 12. und 13. Jh. erlebt hat. In Westfalen gilt der Prudentiaschrein in Beckum von ca. 1240 als bedeutendstes erhaltenes Beispiel. Dem Reginenschrein in Stil und Ikonographie verwandt war der Patroklusschrein in Soest, der bis auf sieben im Kunsthandel aufgetauchte und zurückerworbene Figuren als Verlust der Berliner Museen im Zweiten Weltkrieg beklagt werden muss *(Hans Walter Stork, Patroklischrein)*.

Der Reginenschrein besteht aus einem Holzkern mit vergoldeten Silber- und Kupferbeschlägen in Form eines Hauses mit Satteldach (78 cm lang, 29,5 cm breit und 55 cm hoch). Seine Zierteile sind der gebauten Architektur entnommen: Den First gliedert ein Vierpassband, dicke Granatapfelknäufe betonen die Giebel sowie die Schreinmitte. Wuchtige Strebepfeiler stehen an den Ecken des Schreinhauses. Auf den Stirnseiten dienen die Dreipassbögen als Fenster und die Längsseiten wiederholen dieses Motiv. An der Stirnseite steht die Hl. Regina als Märtyrerin mit Krone, Kreuz und Taube dargestellt. Die andere Stirnseite zeigt Gottvater, bekleidet wie ein Papst mit Messgewand, gekreuzter Stola, Chormantel und Tiara. Lautet die Inschrift der Heiligen in gotischer Minuskel „Sancta reigina virgo“, so enthält die des Papstes neben dem Hinweis „ego + sum + alpha + et + o“ die lateinische Jahreszahl 1457. An den Seitenwänden stehen die zwölf Apostel in Rundbogennischen, durch Schriften bezeichnet. Die Schreindächer tragen auf beiden Seiten je drei Medaillons mit Szenen aus dem Marienleben und der Passion: Verkündigung, Christi Geburt, Anbetung der Könige auf der einen Seite, Geißelung, Christus am Kreuz sowie Auferstehung auf der anderen. Die Rundmedaillons sind so angeordnet, dass der Betrachter die Szenen beim Umschreiten des Reginenschreins folgerichtig ablesen kann. Bemerkenswert das Medaillon der Geburt Christi: Joseph hält Strümpfe in den Händen, um das Jesuskind darauf zu legen. Das ist die bildliche Umsetzung eines seinerzeit im niederländisch-nordwestdeutschen Raum weit verbreiteten Liedes, in dem es heißt: „In Josephs Hosen (holl. = Strümpfen) Jhesus ghewonden (= eingewickelt) wert“. Der Meister der Chorstatuen in Warburg (St. Johannes Baptist) und in Rheine (St. Dionysius) gilt als Schöpfer des Schreins (*Karl Bernd Heppe*). Allerdings lässt der Erhaltungszustand zu wünschen übrig, da von altersher die Triebarbeiten Fehlstellen aufweisen, einige Figuren eingedrückt sind und viele ihrer Attribute fehlen.

Rhynern: St. Regina, Reliquienschrein von 1457

Rhynern: St. Regina, Sakramentshaus Ende 15. Jh.

In der Tradition vergleichbarer Werke in Westfalen steht das Sakramentshaus aus hellem Sandstein von Ende des 15. Jh. an der Nordwand des Chores und dient noch heute der Aufbewahrung der Eucharistie. Erneuert sind die am Sockel stehenden Apostelfürsten Petrus und Paulus, der seitlich vom Tabernakel stehende Bischof (links), die Kirchenpatronin sowie der Bistumspatron St. Liborius (rechts) und die Hl. Katharina. Ein Bogen, in Form eines Eselrückens auslaufend, trägt das Kreuz mit Christus, links und rechts davon stehen Maria und Johannes. An den Seiten-Fialen sind die ebenso erneuerten Heiligen Bonifatius und Kilian zu erkennen. Die hoch aufragende Mittel-Fiale krönt ein Pelikan im Nest, Symbol für das Kreuzesopfer Christi.

An der Ostwand des nördlichen Seitenschiffes ist ein frühbarocker Altar aufgestellt, dessen Inschrift nach umfassender Restaurierung (1988/89) wieder lesbar geworden ist. Danach hat Propst Wilhelm Del Gust den Altar 1623 von dem Maler Heinrich Strotmann für das Prämonstratenserinnenkloster Rumbeck in Arnsberg fertigen lassen. Der Maler Heinrich Strotmann (um 1600–1652) entstammt einer weit verzweigten westfälischen Malerfamilie und ist als Künstler u. a. in Kirchrarbach/ Mittelsorpe und Eslohe bezeugt. Der jetzt in Rhynern stehende Altar gilt als frühe Arbeit des Malers; das Kloster Rumbeck wurde 1804 aufgehoben *(Rose Löbke)*. Im Mittelfeld des von vier toskanischen Säulen geteilten Hauptgeschosses ist im Oval Johannes der Täufer dargestellt, der auf das Lamm Gottes als Symbol für Christus weist. Im Feld links steht ganzfigurig der Evangelist Johannes und im Feld rechts der Hl. Nikolaus. Die Rundbilder im Sockelgeschoss, in dessen Mitte wohl einst die Monstranz oder ein Kreuz gestanden hat, zeigen links den Hl. Augustinus, dessen Glaubensregeln der rechts dargestellte Hl. Norbert für den von ihm gegründeten Prämonstratenserorden übernommen hat. Das große Mittelbild im Aufsatz mit der Madonna der sieben Schmerzen wird im Oval rechts von der Hl. Magdalena flankiert; der jetzt leere, linke Rahmen zeigte einst das Bild des Hl. Christophorus. Als krönender Abschluss erscheint im Rundbild darüber Gottvater.

In der Apsis des rechten Seitenschiffes steht eine große barocke Marienstatue mit dem Jesuskind auf dem rechten Arm, das eine Weltkugel mit Kreuz hält. Die bis auf die Originalfassung 1961 freigelegte und retuschierte Statue konnte im Pariser Kunsthandel erworben werden.

Das am rechten Chorpfeiler angebrachte ausdrucksstarke Kruzifix, eine mainfränkische Arbeit von ca. 1520/30, konnte 1995 vom Diözesan-Museum Paderborn für die Kirche übernommen werden. Eine aus der Kirche stammende, in Eichenholz gefertigte, 56 cm hohe Anna Selbdritt, der allerdings das auf den Schoß der Maria gehörende Jesuskind fehlt, verwahrt das Diözesan-Museum Paderborn. Eine 79 cm hohe Halbfigur aus Sandstein „Christus im Elend", befindet sich im Hammer Gustav-Lübcke-Museum. Der dornengekrönte Christus (Mitte 16. Jh.) mit entblößtem, zur Seite geneigten Ober-

Rhynern: St. Regina, Altar von 1623

Rhynern: St. Regina, Kruzifix von 1520/30

körper hält über dem Lendenschurz die Marterwerkzeuge *(Hans Thümmler, Abb. S. 398)*. Eine liebenswürdige Immaculata aus Weichholz (69 cm hoch) im Stil des mittleren 18. Jh. wird ebenso wie eine große Standuhr (2,50 m hoch) aus dem ehemaligen kleinen Franziskanerinnenkloster Marienhof in Rhynern in der Sakristei aufbewahrt. Sie trägt im Architraph des Mittelteiles als Einlegearbeit die Jahreszahl MDCCLI (1751).

1993 konnte für die Kirche ein Schnitzbildwerk zurückgewonnen werden, das bis 1870 als Kanzelkorb in Rhynern gestanden hat, aber nach der in den siebziger Jahren des 19. Jh. durchgeführten großen Renovierung der Kirchen erübrigt wurde. Während Unterbau und Decke dieser alten Kanzel verloren sind, kam ihr Korb 1896 nach Süddinker, um in der dort neu errichteten Kirche als Ambo aufgestellt zu werden. Mehrfach übermalt, stand er dort bis 1969 und verschwand dann unbeachtet auf der Orgeltribüne. Bei einer Renovierung im Jahre 1992 dort entdeckt, steht dieser alte Kanzelkorb aus dem späten 17. Jh. seitdem wieder als Ambo in Rhynern. Die zurückgewonnene alte farbige Fassung zeigt die Evangelisten und das Martyrium der Hl. Regina.

Das 1985/86 in das wieder geöffnete östliche Chorfenster eingesetzte Glasgemälde, nach dem Entwurf des Herner Malers E. Gesing, stellt den auferstehenden Heiland dar. Im Fenster des rechten Seitenschiffes erscheint die Hl. Regina, im linken Seitenschiff die Hl. Barbara. Auch die Osterleuchte und die Ewig-Licht-Ampel, Schnitzarbeiten der Gebrüder Winkelmannn aus Günne, stammen aus den achtziger Jahren.

Die beim Blick zurück nach Westen das Kirchenschiff beherrschende Orgel mit ihrem pompösen zweigeschossigen Prospekt beschrieb Johann Bernhard Nordhoff 1880 als „eine flotte und wirkungsvolle Möbelschreinerarbeit". Sie antwortet mit barocker Fröhlichkeit auf die vom Langhaus übermittelte, im Altarbildwerk volkstümlich und breit zur Schau gestellte Heilsbotschaft. Die Orgel stammt aus der Kirche des Dominikanerklosters in Soest. Vermutlich hat Johann Berenhard Klausing aus Herford sie 1722 für die Dominikaner in Soest angefertigt, doch wird auch eine Autorschaft des Soester Orgelbauers Johann Patroklus Möller nicht ganz ausgeschlossen. Nach der Säkularisation des Dominikanerklosters sollte die Orgel zunächst an die reformierte Gemeinde in Aurich gehen, kam dann aber 1815 nach Rhynern, wo sie der Beckumer Orgelbauer Hermann Dreymann wieder auf-

Rhynern: St. Regina, Ambo aus dem späten 17. Jh.

Rhynern: St. Regina, Orgelprospekt von 1722

baute. Ein großes Chronogramm verweist auf die Herkunft und das Jahr 1816, in dem die Orgel in Rhynern aufgestellt wurde. Bei der Versetzung nach Rhynern ist der Prospekt zerschnitten worden *(Hannalore Reuter)*. Nach einem Umbau durch den Paderborner Orgelbauer August Randebruck 1877 konnte die Orgel 1960/62 in der Dorstener Orgelbauwerkstatt von Franz Breil restauriert werden; sie umfasst heute 26 Register.

Der bei einer so alten Kirche einst umfangreichere Kirchenschatz bewahrt heute nur noch eine Sonnenmonstranz in Höhe von 48 cm. Nach dem Meisterzeichen „F.K.“ und der Beschau stammt sie aus der Werkstatt des Friedrich Christoph Daniel Kühl, der Ende des 18. Jh. in Hamm tätig war. Eine zurückgeschlagene Draperie gibt den Blick auf das Ostensorium frei. Darüber thront auf Wolken Gottvater unter einem Baldachin, von geflügelten Engelsköpfen begleitet und einem vortretenden Baldachin bekrönt. Das darüber befindliche Kreuz ist verloren gegangen *(Hans Thümmler, Abb. S. 399)*. Unter dem Ostensorium befindet sich die Taube des Heiligen Geistes im Strahlenkranz, und durch Einfügen der Oblate als der Verkörperung des Leibes Christi vervollständigt sich das Ganze zur Darstellung der Heiligen Dreifaltigkeit. Eine besondere Kostbarkeit sind einige erhaltene Messgewänder, die heute im Diözesanmuseum in Paderborn aufbewahrt werden. Dazu gehört die einzige erhaltene mittelalterliche Albe Westfalens, ein 1,80 m langes, weißes, unter dem Messgewand zu tragendes Kleidungsstück mit den am unteren Ende der Vorder- und Rückseite aufgenähten Paruren (stilisierte Blumen und Vögel mit rückwärts gedrehten Hälsen) aus dem 13. Jahrhundert. Der Überlieferung nach soll in diesem Gewand ein Priester während des Messopfers ermordet worden sein. Ferner gehören dazu ein Kaselkreuz aus der zweiten Hälfte des 15. Jh. und eine weitere Kasel (halblanges Messgewand) aus der zweiten Hälfte des 18. Jahrhunderts.

Glocken

Ursprünglich besaß die Kirche ein vierstimmiges Geläute. Den frühesten Hinweis zur Glockengeschichte gibt die Inschrift der dritten Glocke von 1655. Diese erinnert an den damaligen Pastor Behrendt Thier, „der es in manchen Auseinandersetzungen verstanden hatte, sich der Einführung der Reformation durch den Drosten von Hamm zu widersetzen“ *(Hans Walter Stork, Kirchenführer)*. Laut dieser Inschrift wurde diese Glocke damals gemeinsam mit der größten umgegossen. Dies geschah durch den lothringischen Glockengießer Johannes Paris, der als Laienbruder 1677 im Franziskanerkloster zu Dorsten starb.

Während die kleinere (**III**) der beiden Glocken noch heute vorhanden ist, musste die große 1688 abermals umgegossen werden, diesmal durch Gottfried de la Paix, ebenfalls ein lothringischer Wandergießer. Sie blieb in dieser Form bis zum Zweiten Weltkrieg erhalten, wurde aber 1942 im Turm zerschlagen, obwohl sie auf Grund ihres Alters von der Einschmelzung zurückgestellt war und in unversehrtem Zustand zum Sammellager Lünen hätte gebracht werden müssen.

Rhynern: St. Regina, Glocke II aus dem 13. Jh.

Einen Ersatz für diese große Glocke von 1688 lieferte 1951 im Zuge der Wiederherstellung des Geläutes nach dem Zweiten Weltkrieg die Fa. Petit & Gebr. Edelbrock/ Gescher. Die neue Glocke (**I**) zeichnet sich durch besondere Klangschönheit aus. Da nach dem Zweiten Weltkrieg in Hamm fast ausschließlich Stahlglocken angeschafft wurden, stellt diese Glocke auch heute noch eine Bereicherung der Hammer „Glockenszene" dar.

Bis zum Ersten Weltkrieg umfasste das Geläute noch eine vierte, die kleinste Glocke. Diese wurde im Jahre 1753 durch Carl de la Paix in Büderich umgegossen, wo der Meister zum Guss eines kompletten neuen Geläutes für die dortige Pfarrkirche eine Gussstätte eingerichtet hatte. Die neue Glocke wurde später stets als Uhrglocke bezeichnet, was aber nicht richtig ist, da eigens ein Loch ins Turmgewölbe geschlagen wurde, um sie von unten mit einem Seil läuten zu können. 1872 von der Fa. Petit & Gebr. Edelbrock nochmals umgegossen, verfiel sie im Ersten Weltkrieg der Enteignung und wurde bis heute nicht ersetzt.
So ist vom Altbestand außer der dritten Glocke von 1655 nur noch die mittlere (**II**) übrig geblieben. Sie ist die älteste Glocke der Kirche, ein schöner Guss aus dem 13. Jh., mit einigen kleinen Weihekreuzen versehen. Glocken dieser Zeit sind öfter ohne Inschrift und sonstige Verzierungen belassen worden, wodurch ihre unverwechselbare Gestalt eindrucksvoll zur Wirkung kommt. Leider wurde diese Glocke, die zu den ältesten im Stadtgebiet gehört, 1951 im Zuge der Wiederherstellung des Geläutes einer Klangkorrektur unterzogen und so ihr Wert als Musikdenkmal für immer vernichtet.
Das Geläute hängt heute noch in der schönen alten Konstruktion des Glockenstuhles, der eine unvollständige Jahreszahl des 19. Jh. zwischen 1820 und 1829 trägt. Eine technische Besonderheit sind die im Originalzustand erhaltenen hölzernen Spannvorrichtungen zur Stabilisierung der Knotenpunkte.
Seit Jahrhunderten besaß die Kirche auch eine Uhr. Das jetzt vorhandene Werk ist zur Erzielung einer besonders hohen Ganggenauigkeit mit einem sogenannten freischwingenden Pendel ausgestattet. Es wurde 1894 von der Fa. Bernhard Vortmann in Recklinghausen geliefert: Leider ist die wertvolle Uhr seit Jahren stillgelegt.

Heutiger Bestand:

I	1951 Petit & Gebr. Edelbrock	Ton d´-2	Ø 1386 mm ~ 1750 kg
II	13. Jh. unbekannter Gießer	Ton f´+3+	Ø 1210 mm ~ 1100 kg
III	1655 Johannes Paris	Ton g´-3-	Ø 958 mm ~ 500 kg

Rhynern: Evangelische Pfarrkirche

Anders als die Nachbargemeinden ist das Kirchspiel Rhynern im Reformationszeitalter überwiegend dem katholischen Glauben treu geblieben. Seit Beginn des 17. Jh. aber erhob die protestantische Minderheit, die sich fast ausschließlich zum Calvinismus bekannte, Anspruch auf die Pfarrkirche. Ihr Besitz wechselte während des Dreißigjährigen Krieges je nach Kriegsglück der Parteien, die die Gegend besetzt hielten. Schließlich konnten sich die Katholiken behaupten, die aber die Einkünfte der Mitte des 15. Jh. von Dietrich und Ludeke Drove gestifteten Dreikönigsvikarie an die Reformierten verloren. Diese schritten 1665 zum Bau einer eigenen Kirche, die 1667 geweiht wurde, wie die Maueranker an der Südseite zeigen. Der reformierte Landesherr Friedrich Wilhelm, der Große Kurfürst, hatte seinen Hammer Rentmeister Ludovici mit dem Bau beauftragt. Ob der damalige kurbrandenburgische Statthalter in Kleve, Johann Moritz von Nassau-Siegen, ein Verwandter des oranischen Hauses, ein Glaubensgenosse des Landesherrn und diesem freundschaftlich verbunden, bei dem Entwurf der Kirche mitgewirkt oder ihn sogar geliefert hat, ist offen – das würde jedoch die an niederländisch-reformierte Vorbilder erinnernde Bauform erklären.

Jede Seite dieses regelmäßigen Zentralbaues auf sechseckigem Grundriss hat 8 m Seitenlänge und 8 m Höhe. Ein behauener Eichenstamm steht im Boden auf einem Grabstein und trägt den Balkenunterzug der Decke. Die Decke wurde um 1825 mit Wellerwerk versehen, mit Lehm verputzt und mit einer dünnen Kalkschicht überzogen. Das verschieferte Zeltdach trägt eine sich auf jeder der sechs Seiten öffnende Laterne mit geschweifter Haube, Kopfspitze, Eichenkreuz und Hahn. Die Höhe der Kirche bis zur Spitze beträgt 24 m.

Rhynern: Ev. Pfarrkirche, Blick auf den Altar

1753 hatte man für die damals neu erworbene Orgel eine Empore errichtet, die um 1860 noch vergrößert wurde. 1883/84 wurde das Innere des Kirchenraumes umgestaltet – „zu Ehren von Luthers 400. Geburtstag", so der Presbyteriumsbeschluss; man gehörte auch hier inzwischen längst zur preußischen Kirchenunion. Dabei wurde unter Verwendung der alten Kanzel mit Schalldeckel und des Altartisches aus der Barockzeit die Kanzelaltargestaltung der Lutherkirche in Hamm nachgebildet. Die alten Bänke wurden umgearbeitet, die beiden gegenüberliegenden Türen zugemauert und eine neue Doppeltür mit Innenwindfang an der Nordwestwand gebaut.

Der Orgelprospekt aus Eichenholz ist 1699 von dem Orgelbauer Alberty aus Dortmund gebaut worden. 1753 aus Dinker erworben, wurde der Prospekt durch Einbeziehung in die damals gebaute Empore im unteren Teil mit dem Spieltisch an der linken Seite umgebaut, ca. 1869 erweitert und 1973 im unteren Teil für seinen jetzigen Standort durch Prof. Rudolf Reuter aus Münster nach den alten Maßen rekonstruiert. Das Orgelwerk mit 14 Registern für zwei Manuale und ein Pedal baute 1974 Alfred Führer aus Wilhelmshaven.

Eine große Renovierung unter Leitung des Architekten Rudolf Finger in den Jahren 1971/72 entfernte aus dem Innenraum die Empore von 1753/1860 sowie den Kanzelaltar mit Sakristeiwand, das Bankgestühl und den Windfang: Der alte Raumeindruck von 1667 sollte zurückgewonnen werden. Wiederverwendung fanden der Kanzelkorb mit leichten Veränderungen aus dem 19. Jh., ebenso der Altartisch und die Wandpaneele der alten Emporenbrüstung von 1753 mit der Ergänzung um zwei weitere Felder. Der neue, mit Grauwackeplatten belegte Boden erlaubt jetzt eine veränderbare Sitzanordnung mit Stühlen, und die Funktion des alten Windfanges hat ein vorgebauter Eingangsteil übernommen, der auch Sakristei und Küsterraum enthält. Zwischen Dezember 1993 und

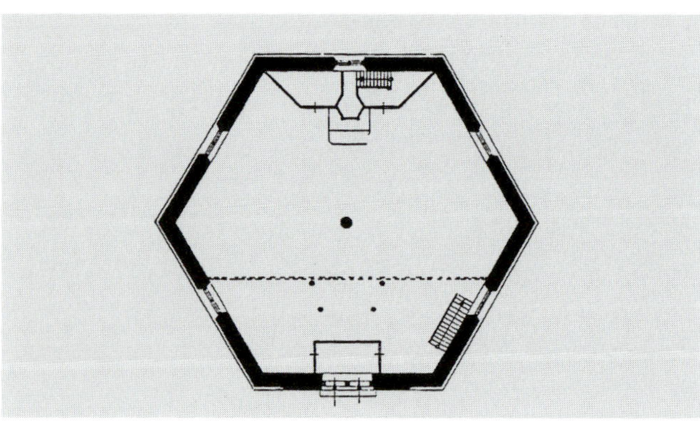

Rhynern: Ev. Pfarrkirche, Orgelprospekt von 1699

Ende 1994 musste das Dach neu eingedeckt werden, wobei auch der Hahn auf der Spitze erneuert wurde. Die tragenden Deckenbalken wurden stabilisiert bzw. ersetzt und der Innenraum nach einem Entwurf der Malerin Elisabeth Altenrichter-Dicke aus Ennepetal farbig gestaltet.

Der Kirche gehört ein alter Abendmahlskelch aus Silber, der von einem unbekannten Hammer Silberschmied mit dem Meisterzeichen „GS" gefertigt und laut Inschrift mit Wappen 1696 von Agnes Maria von Hausen gestiftet worden ist *(Karl Bernd Heppe, Kat. Nr. 86)*. Das Bronzerelief hinter der Kanzel mit den Evangelistensymbolen, der Taufständer mit Bronzeschale und der Altarleuchter sowie das kleine dreiflügelige Bronzerelief der Kreuzigung in der Sakristei stammen von dem Künstler Wolfgang Kreutter aus Bad Berleburg in den Jahren 1962/1977. Der Totenschild im Vorraum hing ursprünglich im Kirchenraum, in dem Johann Werner von Buttel 1707 beigesetzt worden ist.

Glocken

Die ab 1665 errichtete Kirche besaß zunächst keine Glocken. Die Gemeinde durfte ungeachtet immer wieder aufkommender Konflikte die Glocken der unmittelbar benachbarten Kath. Pfarrkirche St. Regina mitbenutzen. Die Ev. Kirche erhielt 1816 eine der beiden Glocken des mit der Säkularisation aufgehobenen Nonnenklosters Marienhof in Rhynern; vielleicht gab das erst den Anlaß für den Bau der Laterne auf der Dachmitte. Die andere Glocke des Klosters gelangte zusammen mit einer kleinen Turmuhr in die Pfarrkirche nach Wadersloh, die 1803 durch einen Brand alle Glocken und die Turmuhr verloren hatte.

Im Jahre 1840 goss der Soester Gelbgießer Christian Korthaus zwei neue kleine Glocken. Eine davon fiel dem Ersten Weltkrieg zum Opfer, die andere wurde 1919 mit der Anschaffung zweier Bochumer Stahlglocken in Zahlung gegeben. Diese dienten der Gemeinde bis 1961 und wurden dann durch das bestehende Geläute der Fa. Rincker ersetzt (**I/II/III**). Die beiden Stahlglocken stehen nun vor der Kirche.

Der 1961 für das neue Geläute eingebaute Stahlglockenstuhl war Anfang der neunziger Jahre bereits wieder abgängig und musste durch eine neue Holzkonstruktion ersetzt werden, wodurch sich die Klangentfaltung der Glocken durchgreifend verbesserte.

Heutiger Bestand:

I	1961 Gebr. Rincker	Ton c“-1	Ø 743 mm	239 kg
II	1961 Gebr. Rincker	Ton d“-1	Ø 711 mm	193 kg
III	1961 Gebr. Rincker	Ton f“+2	Ø 608 mm	127 kg

Drechen: ehem. Ev. Kirche, Aufnahme von 1898 (Westfälisches Amt für Denkmalpflege)

Drechen: ehem. Evangelische Kirche

Seit 1975 ist die evangelische Kirchengemeinde Rhynern mit der kleinen Gemeinde von Drechen vereint. Die „villa Drocni“ wird bereits in Werdener Quellen des 9. Jh. genannt. Eine mittelalterliche Kirche, deren einstiges Patrozinium unbekannt ist, lag unmittelbar neben dem Schulzenhof, der bis zu seiner Ablösung als alter Besitz der märkischen Grafen zu den landesherrlichen Domänen zählte *(Hans Thümmler, Lageplan S. 513)*. Als ständigem Kirchenvorstand oblag dem Inhaber die Erhaltung der Kirche, wofür ihm der Genuss der Kirchenrenten und ihrer Ländereien zustand. Zunächst dem lutherischen Bekenntnis zugewandt und damit aus den Bindungen an die Kirche in Flierich gelöst und zu eigenen Pfarrrechten gelangt, schloss sich der Kirchenvorstand Anfang des 17. Jh. dem reformierten Bekenntnis an. Ende des 19. Jh. wurde die Kirche als baufällig aufgegeben und 1901 östlich des Ortes ein Neubau nach Plänen des Bauinspektors Reimers aus Soest errichtet. Erst ein bis zum Reichsgericht geführter Prozess befreite den Gutsherrn von den alten Patronatspflichten und damit dem Ansinnen, den Neubau bezahlen zu müssen.

Nach den von Johann Bernhard Nordhoff 1881 im alten Inventar des Kreises Hamm veröffentlichten Plänen und Fotos bildete ein romanischer Westturm aus Bruchsteinmauerwerk mit einer unteren Mauerstärke von 1,80 m den älteren Teil des Gebäudes. Daran schloss sich ein kurzes Kirchenschiff, 6,95 m lang und 7,25 m breit, aus dem 14. Jh. an, das in zwei schmale, querrechteckige Gewölbejoche unterteilt war. Ein eingezogenes quadratisches Chorjoch von 5,50 m innerer Seitenlänge folgte. Die Gewölbe besaßen spitzbogige Rippen aus gekehlten

Drechen: ehem. Ev. Kirche, Innenraum, Aufnahme von 1898 (Westfälisches Amt für Denkmalpflege)

Stäben und eine gleichstarke Gurtrippe sowie Schildbögen gegen die Chor- und Turmwand. Sie ruhten auf Konsolen aus Platte, Kehle und Viertelstab in Höhe der Fenstersohlbänke. Gegen den Druck der Gewölbe sicherten im Chor zwei, im Schiff vier Balkenanker die Außenwände. Kurze Strebepfeiler mit schräger Schieferabdeckung gaben außen das entsprechende Widerlager, die Strebepfeiler des Chores standen übereck. Für Langhaus und Chor war lagerhafter Haustein als Material verwandt worden.

Von den alten Ausstattungsstücken sind in den Neubau übernommen worden: die Kanzel, ein sechsseitiger Korb vom Ende des 17. Jh.; die Sakramentsnische aus dem 15. Jh.; einige Grabplatten; ein silberner Kelch mit dem Markenzeichen „GS", dessen Kuppa innen vergoldet ist; gestiftet hat ihn „Johann Schulzen Drechen Anno 1699 Den 15 Decembris" *(Karl Bernd Heppe, Kat. Nr. 57).*

Glocken

Die alte Drechener Kirche besaß zurzeit ihres Abbruches zwei Glocken von 1695 und 1681, die mitsamt dem 1785 gezimmerten und inschriftlich datierten Glockenstuhl in den Turm der neuen Kirche übernommen wurden. Die große Glocke (**I**) ist ein Werk des später in Soest ansässigen Meisters Bernhard Wilhelm Stule, die kleinere von 1681 (**II**) fertigte ein namentlich nicht bekannter lothringischer Gießer. Ihre Aufmachung entspricht ganz den Glocken der Brüder Johannes und Antonius Paris, die jedoch beide 1681 nicht mehr lebten, so dass nur ein Vertreter der weit verzweigten lothringischen Glockengießerfamilie de la Paix (s. Rhynern: St. Regina) als Urheber infrage kommt.

Heutiger Bestand:

I	1695 B. W. Stule	Ton a'± 0	Ø 830 mm ~ 350 kg
II	1681 (lothringisch)	Ton h'- 2	Ø 750 mm ~ 250 kg

Drechen: Ev. Kirche, Glockenstuhldetail mit Inschrift von 1785

Drechen: Ev. Kirche, Glocke I von 1695

Drechen: Ev. Kirche, Glocke II von 1681

Mark: Evangelische Pfarrkirche St. Pankratius

Die Kirche in dem bereits 1939 nach Hamm eingemeindeten Dorf Mark ist dem Hl. Pankratius geweiht. Nach alter Bauernregel gehört er neben Mamertus, Servatius, Bonifatius und der „Kalten Sophie“ zu den sogenannten Eisheiligen. Seine Reliquien kamen schon 985 von Rom nach Gent, und von dort aus setzte seine Verehrung bald auch in Westfalen ein *(Hugo Rothert)*. Im Zeitalter der Kreuzzüge erhofften vor allem die Ritter seinen Schutz, weshalb er wohl auch von den Grafen von der Mark zu ihrem Schutzpatron erkoren wurde. Die Burgkapelle in Altena war ihm geweiht und auch in ihrer späteren Grablege, der Kirche zu Fröndenberg, gab es einen dem Hl. Pankratius geweihten Altar *(Jürgen Kloosterhuis)*.

1198 hatte Friedrich von Altena (1173-1198) mit Zustimmung des Kölner Erzbischofs die Burg Mark von einem sich nach ihr nennenden Ritter Rabodo gekauft. Der hatte sein Allod 20 Jahre zuvor an den Kölner Erzbischof veräußert, um es dann als Lehen zurückzunehmen. Friedrichs Sohn Adolf, der sich seit 1202 Graf von der Mark nannte, erhielt mit dieser Burg eine Gegenposition zu seinem Vetter Friedrich von Isenberg, der Burg und Stadt Nienbrügge am Übergang der Lippe besaß. Nach Scheitern des Komplotts gegen den Kölner Erzbischof Engelbert, Ächtung und Hinrichtung des Isenberger Vetters auf dem Rad in Köln, gründete Adolf am Aschermittwoch 1226 die „Stadt tom Hamme“, und von hier aus weiteten seine Nachfolger ihre Territorialherrschaft aus. Die Marker Kirche war wohl auch die Hofkapelle der Burg. Ob allerdings das Patronat von altersher datiert – die Kirche gilt als eine der ersten Abpfarrungen von Herringen nach der Jahrtausendwende –, ist ungewiss, könnte Graf Adolf doch auch seinen Hauspatron Pankratius nach Mark mitgebracht haben. Erst 1442, als die Grafen nach der Vereinigung mit Kleve ihre Residenz längst an den Niederrhein verlegt hatten, ist von der Stiftung einer Antoniuskapelle auf der Vorburg die Rede.

Umgeben von dem ehemaligen Friedhof und einer Reihe alter Fachwerkhäuser unterscheidet sich die äußerlich bescheidene Anlage kaum von mancher einfachen Dorfkirche in unserem Land. Das weit ausladende Querschiff mit dem dreiseitig geschlossenen Chor überragt das niedrige Langhaus und deutet damit auf einen höheren Rang als Eigenkirche des unweit westlich auf der Burg residierenden Landesherrn und Stadtgründers Graf Adolf hin. Der aus der Achse des Gebäudes ein wenig nach Süden verschobene zweigeschossige Turm und das einschiffige Langhaus – beide im Verbund miteinander gemauert – sprechen dagegen für einen einfachen romanischen Kirchenbau um 1100, der uns auch anderenorts am Hellweg häufig begegnet. Der örtlichen Überlieferung nach diente der Turm mit seinen 1,20 m starken Mauern in Notzeiten als Fluchtburg. Wie bei allen Kirchen aus dieser Zeit besteht das Mauerwerk aus grünem Sandstein, der am Nordrand des Haarstranges um Anröchte und Neuengeseke gefunden wird. Unbehauen und nur grob verfugt war das wahrscheinlich erst in jüngerer Zeit freigelegte Mauerwerk stark der Witterung ausgesetzt und wurde deshalb 1989 mit einer weiß gekälkten Putzschicht überzogen.

1251 schenkte Graf Engelbert von der Mark der Kirche einen zwei Hufen großen Hof dafür, dass sein Vater Graf Adolf und sein Bruder Graf Otto von Altena in der Fehde mit dem Bischof von Münster das obere Geschoss des Kirchturms hatten abtragen lassen; sie hatten befürchtet, dass man von dort aus Einsicht in die nahe gelegene Burg hätte nehmen können. Rechnungen aus dem 17. Jh. erweisen den inzwischen wieder aufgebauten Turm als reparaturbedürftig. 1735 wurde das heutige Glockengeschoss aus Ziegeln aufgemauert, von außen mit gequadertem Putz versehen und 1909 mit Schiefer verblendet. Seit 1736 krönt die Wetterfahne mit einem Posaune blasenden Engel den Turm. Das Original aus der Werkstatt des Hammer Bürgers Johann Bernhard Stuniken befindet sich heute im Paul-Gerhardt-Gemeindehaus.

Von der Empore im Inneren aus ist in der Ostwand des Turmes noch der einzige, knapp mannshohe Zugang in das Obergeschoss an den Türhaken zu erkennen. Die Eingänge zum Langhaus befanden sich an dessen nördlicher und südlicher Seite, östlich des Turmes. Man hat sie 1868 vermauert und den Eingang an die Westseite des Turmes verlegt. In der so im Erdgeschoss gewonnenen Eingangshalle befindet sich heute eine Ehrung für die Gefallenen der beiden Weltkriege. Daneben hängt ein von der Familie Loeb-Caldenhof gestiftetes Kruzifix mit Spuren einer alten Bemalung, eine bäuerliche Arbeit aus dem 17. Jahrhundert.

Das Kirchenschiff war innen bis 1868 niedriger und flach gedeckt; damals zog man eine hölzerne „sargdeckelartige“ Decke ein – die erst 1975 mit einer hölzernen Tonne verkleidet wurde –, errichtete die Westempore und öffnete den schmalen, rundbogigen Durchbruch zum

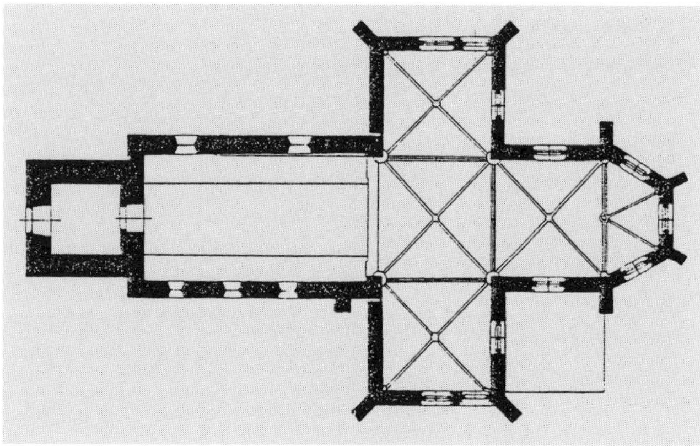

Querschiff mit einem großen Vierungsbogen. Zuvor war die ganze nördliche Wand des Langhauses oberhalb des Mauerrücksprungs neu aufgezogen worden, so dass nur noch der untere, stärkere Teil dieser Wand als Rest aus romanischer Zeit angesehen werden kann. Die darin liegende Spitzbogennische lässt sich am ehesten als Platz für das Heilige Grab erklären *(Herbert Zink, Chronik)*. Die südliche Wand des Langhauses ist von geringerer Stärke. Sie zeigt drei schlichte Rundbogenfenster, die wohl noch aus der flachgedeckten ersten Kirche stammen. Diese zählt damit zu den wenigen erhaltenen Beispielen von einschiffigen, flachgedeckten Saalbauten aus der Zeit vor dem späten 12. Jh., in dem in Westfalen bereits der Gewölbebau eingesetzt hatte (s. Rhynern: St. Regina).

Die Glasmalereien in den Fenstern von 1902 halten mit den Wappen von der Heiden-Rynsch auf Haus Caldenhof und von Wolffersdorff die Erinnerung an die einst in der Mark ansässigen Familien wach. Karl Friedrich von Wolffersdorff war preußischer Generalleutnant und seit 1763 Kommandant des in Hamm stationierten Regiments. 1772 ließ er das letzte Mauerwerk der Burg Mark abtragen, um mit den Steinen im Westen der Stadt eine Kaserne für die preußische Garnison zu bauen und damit die Bürgerschaft von lästiger Einquartierung zu befreien. 1768 erhielt er von Friedrich dem Großen die zum Kirchspiel Mark gehörende Domäne Ostholz, heute Werries, geschenkt. Er verstarb 1781 und wurde im südwestlichen Bereich des Langhauses beigesetzt. Sein Grabstein mit einem anspringenden Wolf im Wappen steht seit 1909 im Chor. Die Kirche bewahrte auch das lebensgroße Bildnis dieses Generals, das sich jetzt im Gustav-Lübcke-Museum befindet. Die Gedenktafeln im Langhaus erinnern an Verstorbene aus Adelsfamilien im Kirchspiel, die nach der Reformation gemeinsam mit den Kirchenvorstehern das Patronatsrecht ausübten.

Bis 1337 war die Kirche zu Mark die Mutterkirche von Hamm. Denn die Hammer Hauptkirche, den Heiligen Laurentius und Georg geweiht, die heutige Pauluskirche, wurde erst in diesem Jahr zur selbstständigen Pfarrei erhoben. Dass die Mutterkirche für diese erste Neugliederung in der Hammer Stadtgeschichte eines „Trostpflasters“ bedurfte, erkannte auch der Erzbischof von Köln an. Er verfügte, dass die Kirche in Hamm in Zukunft jährlich zum Weihnachtsfest der Kirche in Mark zwei vierpfündige Kerzen aus gutem Wachs zu schenken habe, die auf dem dortigen Altar entzündet während der gesamten Hauptmesse brennen sollten *(Wilhelm Ribhegge)*.

Mit dieser Abpfarrung dürfte der Neubau von Querhaus und Chor der Pankratius-Kirche zusammenhängen. In einem Eckquader in der nördlichen Vierungswand zum Chor hin ist die Jahreszahl MCCCXLII (1342) von ungelenker Hand eingemeißelt. Das gotische Querhaus, das das Langhaus überragt, besteht aus drei annähernd quadratischen Jochen, an die sich im Osten ein ebenso quadratisches Chorjoch anschließt und ein halbes Sechseck den Chorschluss bildet. Die Gewölbe sind 8,80 m hoch und aus Ziegelsteinen gemauert, während die Kämpfer in einer Höhe von nur 2,97 m liegen. Die Gewölbezone ist höher als der darunter liegende Raumbereich (s. Herringen: St. Victor). Obwohl diese so tief ansetzenden Gewölbe mit ihren betonten Scheiteln dem 14. Jh. angehören, entspricht diese Raumstruktur noch ganz dem vorausgegangenen 13. Jh. und erweist sich somit der Landschaft entsprechend als konservativ (vgl. Maria zur Höhe in Soest). Die Gewölbeschlusssteine sind mit hölzernen Scheiben unterlegt, auf denen im Chor das Lamm Gottes und der Kopf Christi in Reliefdarstellungen erscheinen.

Mark: St. Pankratius, Vierungsquader mit Bau-Inschrift

Mark: St. Pankratius, Blick in Chorjoch und Chor

Die farbige Verglasung im Querhaus, entworfen von der Künstlerin Hilde Ferber aus Treysa, ist nach dem Zweiten Weltkrieg in den fünfziger Jahren entstanden. Sie zeigt Szenen aus der Schöpfungsgeschichte und dem Leben Jesu. Zunächst für den Chor bestimmt sind diese Glasmalereien mit Rücksicht auf die dortigen Fresken später jedoch in das Querhaus versetzt worden, ohne das ursprünglich geplante Programm zu Ende zu führen. Die Orgel im nördlichen Querhaus, ein Werk der Firma Ott aus Göttingen, ersetzt seit 1976 die Vorgängerin von 1868 auf der Westempore. Es handelt sich um eine mechanisch gesteuerte Schleiflade mit 20 Registern und insgesamt 1.282 Pfeifen. Um für diese neue Orgel Platz zu schaffen, wurde die aus dem Anfang des 19. Jh. stammende Empore im nördlichen Querhaus entfernt und ihre Brüstung an der Westwand des südlichen Querschiffes aufgestellt. Die darüber befindliche Gedenktafel aus Baumberger Sandstein erinnert an die im Ersten Weltkrieg gefallenen Gemeindemitglieder. Das Werk des Bielefelder Bildhauers Altenbernd mahnt mit den Flammen auf den seitlichen Randleisten an den Weltenbrand; der Friedensengel in der Mitte darüber umschließt mit seinen stilisierten Flügeln die Masken zweier sterbender Krieger. An dieser Wand befand sich einst eine Patronatsloge.

Mark: St. Pankratius, Taufstein Mitte des 13. Jh.

In der Mitte des südlichen Querhauses hat 1976 der alte Taufstein, ebenfalls aus Baumberger Sandstein, seine Aufstellung gefunden. Er ist das älteste Ausstattungsstück der Kirche und stammt aus der Mitte des 13. Jahrhundert. Über dem Sockelwulst des Steinzylinders – eine in romanischer Zeit in Westfalen gebräuchliche Form, die hier eine ihrer größten und edelsten Ausprägungen gefunden hat (s. Bockum: St. Stephanus) – erheben sich acht Halbsäulen ohne Basen mit glatten Kelchkapitellen. Die acht Rundbögen tragen einen Weinrankenfries, die Bogenzwickel werden von Pflanzenornamenten geziert, die Bodenplatte ist neu. An der Ostwand des südlichen Querhauses, neben der Tür, steht der schlichte Grabstein des Magisters Hermann Löffler, der sich in humanistischer Manier „Cochläus“ nannte. Nach einem bewegten Leben starb er im Alter von 90 Jahren am 8. 3. 1606 als Pastor der Marker Kirche. Er hatte in der Gemeinde endgültig den Übergang zum lutherischen Bekenntnis vollzogen.

Ihren kunstgeschichtlichen Rang erhält die schlichte Dorfkirche durch die Wandmalereien im Chor, die bei einer Erneuerung 1908/09 entdeckt wurden. Man schreibt sie einer Werkstatt zu, die auch die Chorfenster der Wiesenkirche in Soest geschaffen hat. Verloren gegangen ist die zur ursprünglichen Ausstattung gehörende Verglasung der Fenster von Chor und Querschiff, von der nur noch Grisaille-Reste und das Fragment eines musizierenden Engels im Hammer Gustav-Lübcke-Museum erhalten sind. Die Fresken dürften nach der Erbauung des Chores in der Mitte des 14. Jh. entstanden sein. Sie bilden eine gemalte Predigt, die nach Umfang und Vollständigkeit in Westfalen einzigartig ist. Zusammen mit der übrigen Ausstattung zeigt sich so ein in dieser Geschlossenheit selten gewordenes Ensemble mittelalterlicher Raumgestaltung, das noch heute seiner alten Bestimmung dient. Dargestellt ist ein geschlossenes, Wand und Gewölbe überziehendes Programm wichtiger Heils-Tatsachen: das Weltgericht; die Majestas Domini mit den Aposteln als Verkündern und den Kirchenpatronen sowie weitere Heilige als Zeugen dieser Botschaft.

„Drohend und verheißend zugleich gemahnt die Darstellung des Jüngsten Gerichts, die der Tradition gemäß ihren Platz an dem Gewölbe des Chorschlusses hat, an die letzten Dinge. Auf dem mittleren Gewölbefeld thront in der Mandorla Christus als Weltenrichter mit Palme und Schwert auf dem Regenbogen, zu seinen Füßen blasen zwei Engel die Posaunen des Gerichts, während in den Zwickeln die Auferstehenden in ihren streifenartig an-

Mark: St. Pankratius, Das Jüngste Gericht im Chorschluss

geordneten Gräbern bittend die Hände erheben. Links unter der Mandorla kniet Maria als Fürbitterin. Rechts ist nicht wie gewöhnlich Johannes der Täufer als zweiter Fürbitter dargestellt, sondern ein Engel mit Kreuz und Kranz (oder Dornenkrone?), der ebenso wie die Wundmale des Weltenrichters als ein besonderer Hinweis auf die sühnende Passion zu verstehen ist. Auf der linken Gewölbekappe wird die Gruppe der Seligen von einem Engel zum Himmelhaus geleitet, vor dem ein jugendlicher Heiliger mit einem großen Schlüssel (Petrus?) die Ankommenden empfängt. Auf dem gegenüberliegenden Feld vollzieht sich das Schicksal der Verdammten, die von einem Engel mit Schwert und großen schwarzen Flügeln der Hölle in Gestalt eines gewaltigen Tierkopfes zugetrieben werden, wo sie ein Teufel mit bleckender Zunge erwartet. Hier füllen ebenso wie bei dem Bild des Paradieses Auferstehende die Zwickel." *(Dorothea Kluge, Wandmalerei S. 17).*

Das Gewölbe des Chorjoches zeigt die auf die Offenbarung des Johannes zurückgehende zeitlose Herrlichkeit Christi: die Majestas Domini. In der Mandelglorie, dem Zeichen göttlicher Erhabenheit und des Schutzes des Allerhöchsten, thront Christus auf dem Regenbogen, der den Erdkreis symbolisiert, umgeben von den Gestirnen mit Sonne und Mond, die seit altersher für kosmische Universalität stehen. Die ihm in vier Kreisen zugeordneten Wesen der Apokalypse versinnbildlichen als Symbole für die Evangelisten das Neue Testament in den Gewölbezwickeln. Dazu tritt auf der Nordseite, mit dem Purpur-Mantel der Könige über blauem Gewand angetan, Maria, die zur Symbolgestalt der Kirche gewordene Ecclesia – in der linken Hand das Buch haltend und mit der rechten im Segensgestus der byzantinischen Kirche auf ihren Sohn und Erlöser weisend. Ihr gegenüber steht Johannes der Täufer mit dem Lamm als Zeichen für den Opfertod Christi. Ungewöhnlich in diesem Zusammenhang erscheint als Dritter, zum Kirchenschiff hin, der Hl. Martin, einst Bischof von Tours. Sollte es sich bei ihm um einen älteren Patron der Kirche handeln, wie Nicolaus Rodenkirchen vermutet hat, oder stand er dem Bauherrn des Chores besonders nahe? Um den Schlussstein ist einfaches Maßwerk angeordnet und rote Sterne schmücken, wie im Chorschluss, die frei bleibenden hellen Gründe.

Mark: St. Pankratius, Die Majestas Domini im Gewölbe des Chorjochs

Der die Welt beherrschende Christus ist zugleich Ursprung und Ziel der Glaubensbotschaft, die von ihm ausgeht und das Leben der Menschen bestimmt. Niedergelegt ist die Botschaft im Neuen Testament, die durch die Evangelistensymbole verkörpert und durch die Apostel vermittelt wird. Rechts und links im Chor stehen die Apostel in Dreiergruppen an den Wänden, jeder mit einem Satz des Credo auf dem Spruchband in seiner Hand. Nach biblischem Zeugnis (Eph. 2. 20) bilden sie den Grund der vielfältigen Gestalt der Kirche, hier dargestellt in einer dreitürmigen Fantasiearchitektur, auf deren Krone rechts ein Hahn und links ein Storch stehen. Der Hahn verkörpert Wachsamkeit und mit seiner Vorsorglichkeit gegenüber den Hennen auch die Sorgfalt, mit der der Prediger die Funde göttlicher Weisheit an seine Gläubigen austeilen soll. Der Storch gehört als Feind der Schlangen zur Mariensymbolik oder versinnbildlicht nach einer anderen Deutung die Ankunft des Frühlings und neuen Lebens. Die Heiligen bezeugen die Heilsbotschaft: links Helena mit der Kreuzauffindungskapelle als Attribut und Katharina mit Schwert und Rad; rechts Margareta den Drachen abwehrend und Agnes mit dem Palmzweig. Im Chorschluss sind zu sehen: Magdalena mit dem Salbgefäß; Georg als Ritter mit Schild, Schwert und Lanze; Laurentius mit Palmzweig und Rost; Pankratius als Ritter mit Schwert; Barbara mit Buch und Palme; Clara, die bei der Restaurierung neu und willkürlich ergänzt wurde. Unter dem mittleren Fenster ist ein Werk der Barmherzigkeit dargestellt, das Gegenstück zu dem darüber befindlichen Jüngsten Gericht: Ein Jüngling reicht einem Bettler eine Gabe, wovon der Teufel ihn abzuhalten versucht.

Mark: St. Pankratius,
Das Werk der Barmherzigkeit an der östlichen Chorwand

Mark: St. Pankratius, Nordwand im Chorjoch

„Die Apostelfolge in Mark steht durchaus in der bis ins 13. Jh. zurückreichenden Tradition der westfälischen Kunst. Schon die Apostel im Paradies des Domes in Paderborn, aus Metelen (jetzt im Dom zu Münster) und die Propheten der Fenster aus Lohne (im Landesmuseum Münster) halten wie in Mark Spruchbänder in den Händen, und von daher lässt sich auch die Art der Architekturbekrönung ableiten. Vergleicht man die Apostel in Mark mit kölnischen Werken, etwa den Aposteln in Eversberg oder mit der Apostelfolge in Marienhagen (Krs. Gummersbach), dann wird trotz gewisser allgemeiner Zeitstilverwandtschaft doch ihr westfälischer Charakter in der Monumentalität der Gestalten und in der seelischen Gespanntheit des Ausdrucks sehr deutlich spürbar. Darin sind sie mit der älteren Soester Malerei verwandt“ *(Dorothea Kluge, Wandmalerei S. 20)*. Nach der Entdeckung der Malereien Anfang unseres Jahrhunderts wurden Ergänzungen, insbesondere an den Konturen, vorgenommen. 1938 hat man sie erneut behandelt. Die Zerstörung des Vierungsgewölbes durch eine glücklicherweise nicht explodierte Fliegerbombe am 5. 12. 1944 führte zu Feuchtigkeitsschäden, die nach dem Krieg eine weitere Restaurierung notwendig machten. Diese fand 1955/56 statt. Man hat dabei versucht, die Malereien auf ihren ursprünglichen Befund zurückzuführen. Natürlich kann das Erreichte nicht mehr dem Vollendungszustand der Entstehungszeit entsprechen. Spätere Übertünchungen sowie die Restaurierungen zu Beginn unseres Jahrhunderts haben die oberen Schichten der Malerei ganz erheblich in Mitleidenschaft gezogen. Dennoch dürfte der heutige Zustand mehr von der originalen Farbsubstanz erkennen lassen als die früheren Restaurierungen. 1980 sind Stellen, die sich vom Untergrund gelöst hatten oder zu lösen drohten, unter Aufsicht des Westfälischen Amtes für Denkmalpflege fachmännisch fixiert worden.

Im 15. Jh. wurde die Sakramentsnische in die Nordwand des Chorjoches eingelassen und dadurch eine Apostelfigur in der Wandmalerei bis auf Schulter und Kopf zerstört. Neben dieser Nische, die ein schmiedeeisernes Gitter verschließt, befindet sich auf der rechten Seite ein noch älterer Ort für die Aufbewahrung des Altargerätes aus dem 14. Jh.: Ein von Birnstab und Kehle spitzbogig eingefasster Wandschrank zeigt im Tympanon einen farbig behandelten Reliefkopf Christi. Inwendig ist der hölzerne Schrank mit verstreuten Blüten auf rotem Grund bemalt. Die mit Eisenbändern beschlagene Tür zeigt innen, gleichfalls auf rotem Grund, das Bild des von Blüten umgebenen, segnenden Christus. Im Chorschluss rechts befindet sich in der Sockelzone eine rundbogige

Mark: St. Pankratius, Wandschrank im Chor (Gerda Jucho, Archiv Platte & Partner)

Lavabo-Nische, die für den Kessel bestimmt war, den der Priester vor der Messfeier zum Händewaschen benutzte. Links oberhalb, auf der Wand hinter dem Altar, befinden sich in dem von Engelsköpfen gehaltenen, gemalten Tuch mittelalterliche „Kritzeleien“, darunter das Agnus Dei, daneben aber auch eine zeitgeschichtlich interessante Klage auf Bernhard von Horstmar, einen westfälischen Helden des 13. Jh. (!), sowie ein Rezept gegen Haarausfall, dessen der Geistliche offenbar bedurfte und das er hier für seine Nachfolger festgehalten hat *(Norbert Eickermann)*.

Der gotische Kastenaltar aus Sandsteinplatten mit abgeschrägtem Sockel und zwei Kammern an der Rückseite sowie Holztüren mit gotischen Beschlägen trägt ein dreiteiliges Retabel. Dieses stammt aus der Kirche des ehemaligen Klosters Kentrop in Hamm und kam nach dessen Säkularisierung 1808 hierher. Es ist eine handwerklich derbe Arbeit aus der Zeit um 1500, die niederländischen Schnitzaltären ähnelt, wobei die Seitenflügel fehlen. Links ist die Geißelung, in der Mitte die Kreuzigung und rechts die Grablegung Christi zu sehen. Die bekrönende

Mark: St. Pankratius, Schnitzaltar um 1520

Figur des Auferstandenen sowie die Fialen über dem Mittelteil und die Kämme über den Seiten sind Ergänzungen aus dem frühen 19. Jahrhundert. Die Predella zeigt auf zwei Holztafeln in Öl die Verkündigung und die Geburt Christi; diese kommen ebenfalls aus dem Kloster Kentrop und stammen aus der Zeit um 1500. Die fünfseitige, hölzerne Kanzel, ein Werk des 17. Jh., wurde 1971 wieder an ihrer ursprünglichen Position rechts am Triumphbogen aufgestellt, nachdem dort seit Anfang dieses Jahrhunderts eine aufwändige Steinkanzel gestanden hatte. Die drei Hauptfelder zeigen drei gemalte Gestalten: Christus als Erlöser, den Täufer Johannes und Moses, die mit Bibelsprüchen umgeben sind. Die Steinkanzel befindet sich jetzt in der Sammlung Kloster Dalheim.

Mark: St. Pankratius, Triumphkreuz Ende 15. Jh.

Im Triumphbogen zwischen Querhaus und Chor hängt der lebensgroße Christus am Kreuz. Diese Arbeit wurde Ende des 15. Jh. gefertigt und 1909 von einem entstellenden Anstrich befreit. An der Ostwand des südlichen Querhauses befindet sich eine Wandmalerei mit vier Szenen aus dem Leben des Schutzheiligen der Kirche: PASSIO SANCTI PANCRATI SALUTARIS. Es ist eine Kopie der früher etwa einen Meter tiefer gelegenen Originalmalerei,

Mark: St. Pankratius,
Wandmalerei mit der Passion des Hl. Pankratius

die leider für eine inzwischen wieder geschlossene Heizöffnung entfernt worden war. Dargestellt ist das Martyrium des Kirchenpatrons, des Hl. Pankratius. Der Legende nach eines reichen Phrygiers Sohn war er als Waise mit seinem Onkel Dionysius nach Rom gekommen und von Papst Kornelius (gest. 253) in die Kirche aufgenommen worden. Nach dem Tode seines Onkels wurde er gefangen, vor den Kaiser geführt und auf dessen Befehl an der Via Aurelia enthauptet. Dargestellt sind: die Taufe des 14-jährigen Pankratius durch den Bischof Marcellinus; die Verurteilung des wegen seines christlichen Glaubens Angeklagten; seine Enthauptung vor Kaiser Diokletian, der ihn vergebens zum Widerruf zu bewegen suchte; die Bettung des Leichnams in den Sarg.

Als jüngstes Kunstwerk erinnert eine Bronzeplastik der Münsteraner Bildhauerin Hilde Schürk-Frisch an die Erneuerung der Kirche im Jahre 1975/76. Dieses Kunstwerk ist in der Nische des ehemaligen Magdalenen-Altars im nördlichen Querschiff angebracht und stellt Christi Geburt und Sterben in eindringlicher Form dar. Im Besitz der Kirche befinden sich eine silberne Hostiendose mit Wappen aus der Zeit um 1700 und zwei Kelche. Der eine ist mit der Jahreszahl 1675 versehen und in Augsburg angefertigt worden *(Karl Bernd Heppe, Kat. Nr. 74 u. 105)*. Der andere ist auf 1716 datiert und trägt das Zeichen „CH" des Goldschmiedemeisters Christian Hoevel und das Hammer Beschauzeichen.

Glocken

Die Geschichte des Geläutes lässt sich anhand der Glockenakte im Pfarrarchiv bis zum Ausgang des 16. Jh. verfolgen. Ist auch keine der damaligen Glocken mehr vorhanden, so sind doch schriftliche Zeugnisse von vier verschiedenen westfälischen Gießern des 16. bis 19. Jh. überliefert.

Im Jahre 1597 goss Peter Nelman in Soest zwei Glocken, 1613 Herman Kellersmann aus Wiedenbrück eine weitere. In beiden Fällen gab es Probleme mit der Bezahlung der Glocken, und insbesondere Herman Kellersmann bekam 1613 statt zustehender Geldzahlungen vom damaligen Pfarrer Henricus Hermeling lediglich „spitzige Worte" gesagt.

Ein weiterer Glockenguss geschah 1688 durch Gottfried de la Paix, der einer weit verzweigten Familie lothringischer Wandergießer entstammte. Den Guss für die Marker Kirche verband er mit den im gleichen Jahr anstehenden Arbeiten für St. Regina zu Rhynern (s. dort). Die 1688 von de la Paix gegossene Glocke blieb als einzige des Altbestandes bis 1942 erhalten, wurde dann aber wohl ohne Prüfung ihres Denkmalwertes abgegeben. Da sie auf dem Sammellager in Lünen offenbar nie angekommen ist, wird sie vermutlich, den bestehenden Vorschriften zuwider, vor Ort zerschlagen worden sein.
Im Jahre 1854 schließlich arbeitete der Glockengießer Wilhelm Rincker für die Marker Kirche. Er hatte lt. noch vorhandenem Kontrakt die beiden großen Glocken umzugießen und auf die Töne f´ und a´ abzustimmen, so dass mit der kleinen c"-Glocke von 1688 ein Dreiklang f´ - a´ - c" entstand. Beide Glocken von 1854 fielen dem Ersten Weltkrieg zum Opfer.

Mit der Beschaffung eines dreistimmigen Gussstahlgeläutes (**I/II/III**) vom Bochumer Verein 1924 wurde die verbliebene Glocke von 1688 endgültig außer Dienst gestellt. Dieses neue Geläute von St. Pankratius ist – wenn auch für die geringen Ausmaße des Turmes viel zu groß dimensioniert – neben dem der Pauluskirche das einzige, klanglich wirklich herausragende Gussstahlgeläute in Hamm und im weiten Umkreis. Seitdem die Schallöffnungen des sehr niedrigen Turmes mit Jalousien versehen sind, kommt das charakteristische Timbre der Bochumer Glocken in erträglicher Lautstärke und darum weit überzeugender als vorher zur Wirkung.

Im Turm steht noch eine schöne Glockenstuhlkonstruktion, ein Kastenverband mit drei Feldern, die vermutlich 1735/36 aufgerichtet wurde, als man das bestehende Glockengeschoss baute. Infolge jahrzehntelanger Einwirkung von Taubenkot und Feuchtigkeit hatte der Stuhl schwere Holzschäden davongetragen, die 1990 umfangreiche Restaurierungsarbeiten notwendig machten. Das früher vorhandene Uhrwerk ist schon seit Jahrzehnten aus dem Turm entfernt.

Heutiger Bestand:

I	1924 BVG	Ton f´+1	Ø 1329 mm ~	1000 kg
II	1924 BVG	Ton as´+7	Ø 1100 mm ~	600 kg
III	1924 BVG	Ton c"+1	Ø 911 mm ~	350 kg

Aussiedlerlager am Alten Uentroper Weg

Seit 1992 steht im Eingangsbereich des Lagers ein hölzerner Glockenstuhl mit einer Glocke von 1642. Es handelt sich um eine ostdeutsche Leihglocke, die nach dem Zweiten Weltkrieg zunächst in die katholische Gemeinde Bad Laasphe gelangte. Nach Beschaffung eines neuen Geläutes erhielt sie hier ihren Standort und läutet nun zu den Gottesdiensten im Lager und zu den täglichen Gebetszeiten. Bis 1942 hing sie im Turm der Kirche zu Hohenliebachtal, Kreis Goldberg in Niederschlesien. Sie wurde von Donat(us) Schroeter in Girsdorf gegossen, ihr Schlagton ist a´ + 3 bei einem Durchmesser von 932 mm und einem Gewicht von 504 kg.

Uentrop: Evangelische Pfarrkirche und Katholische Pfarrkirche St. Antonius in Geithe

Die Evangelische Kirche in Uentrop, ehemals wohl dem Hl. Georg geweiht, bildet seit dem 11. Jh. den Mittelpunkt eines Kirchspiels mit den Ortschaften Uentrop, Schmehausen, Haaren und dem nördlich der Lippe gelegenen Lütke-Uentrop. Für diese Bauerschaften erhob Bischof Siegfried von Münster (1022-1032), wie urkundlich berichtet wird, eine auf dem Grävinghof errichtete Kirche zu „Unkingthorp" zur Pfarrkirche; der Grävinghof gehörte zu Cappenberg. Der Sprengel des Bischofs reichte damals bis zur Geithe, die die Grenze zur Diözese Köln bildete; vielleicht handelt es sich bei dem heutigen Flüsschen um das ursprüngliche Bett der Lippe *(Helmut Richtering, S. 411)*. 1187 wird diese Kirche dem Archidiakonat des Propstes von St. Martini zu Münster zugewiesen, obwohl ältere Beziehungen eher zum Stift St. Marien-Überwasser in Münster bestanden haben, wie man aus einer Auflistung von dessen Besitzungen folgern könnte, in der u. a. Uentrop, Lippborg und Dolberg genannt sind. Nach vorübergehender Zugehörigkeit zu dem kurz zuvor gegründeten Zisterzienserkloster Marienfeld ging die Ortschaft Uentrop um 1200 in den Besitz des Grafen Friedrich von Altena über. Dessen Sohn Adolf von der Mark, Gründer der Stadt Hamm 1226, konnte Uentrop gegenüber den Mönchen in Marienfeld endgültig für sein Haus behaupten. Damit verschob sich die Territorialgrenze an den nördlichen Lauf der Lippe, die 1575 im Vertrag zwischen der Grafschaft Mark und dem Stift Münster anerkannt wurde. Neben Alt-Lünen blieben nördlich der Lippe nur die Nordenfeldmark von Hamm und die beiden damals in einer Hand vereinigten Rittergüter Haaren und Uentrop bei der Grafschaft Mark.

Die kirchliche Zugehörigkeit Uentrops zur Diözese Münster blieb von alldem unberührt. Erst der wohl in das letzte Viertel des 16. Jh. fallende Übertritt der Gemeinde zur Reformation löste auch diese Bindung. Uentrop hatte sich zunächst dem lutherischen Bekenntnis zugewandt. 1631 wurde jedoch ein calvinistischer Pfarrer berufen und das führte zur Spaltung der Gemeinde. Der größte Teil der Eingesessenen schloss sich dem reformierten Bekenntnis an; eine Minderheit aber hielt sich fortan zur lutherischen Kirche in Dinker und Mark. Erst 200 Jahre später, 1825, beendete die Altpreußische Union diesen Zwiespalt. Die auch nach der Reformation dem alten Glauben treugebliebenen Landwirte aus Lütke-Uentrop wandten sich nach Lippborg und Dolberg, was sie jedoch nicht hinderte, bei den Pfarrwahlen in Uentrop ihr althergebrachtes Stimmrecht weiter auszuüben. Erst 1860 wurden die nördlich der Lippe wohnenden Katholiken des alten Kirchspiels Uentrop nach Dolberg bzw. Lippborg eingepfarrt. Ihre Glaubensbrüder südlich der Lippe hielten ihren Gottesdienst seit 1755 auf dem Hause Gröne(n)berg ab. 1782 gestattete ihnen Friedrich der Große, auf dem Grund des zum Kloster Kentrop in Hamm gehörenden Schulzenhofs in der Geithe eine Kirche und ein Schulhaus zu erbauen. Die dort 1785 geweihte Kirche kam in die Obhut der Franziskaner zu Hamm und wurde 1843 zur selbstständigen Pfarrkirche erhoben. 1896 ersetzte man das alte Fachwerkgebäude durch einen dem Hl. Antonius von Padua geweihten neugotischen Ziegelbau.

Die gegenüber dem Hause Uentrop, inmitten eines großen im 19. Jh. erweiterten Friedhofs, gelegene Kirche lässt in ihrem Äußeren nur wenig von dieser langen Geschichte erkennen. Urkunden zu ihrer Baugeschichte fehlen. Das Kirchenarchiv ist im Dreißigjährigen Krieg zur vermeintlich größeren Sicherheit in das feste Haus Uentrop gebracht worden, das dann 1679 nach einem Blitzeinschlag ein Raub der Flammen wurde. 1713 bis 1720 entstand das heute noch erhaltene zweigeschossige neue Herrenhaus „von wohlgemessenen Verhältnissen" *(Hans Thümmler, S. 419)*.

Der älteste Bauteil der Kirche ist ohne Zweifel der schlichte quadratische Westturm, der in das 11. oder 12. Jh. datiert wird: äußere Maße 7,50 m x 7,05 m mit 1,25 m unterer Mauerstärke und 15 m Höhe bis zur Dachtraufe. An ihn schloss sich nach Osten eine schmalere romanische Saalkirche aus gleicher Zeit an, deren Dachlinie noch heute an der Ostwand des Turmes zu sehen ist; darüber ist jetzt ein vermauertes Rundbogenfenster erkennbar. Mitte der sechziger Jahre unseres Jahrhunderts konnte der Turm, dessen lockeres, zweischaliges Mauerwerk abzugleiten drohte, stabilisiert werden. Dabei

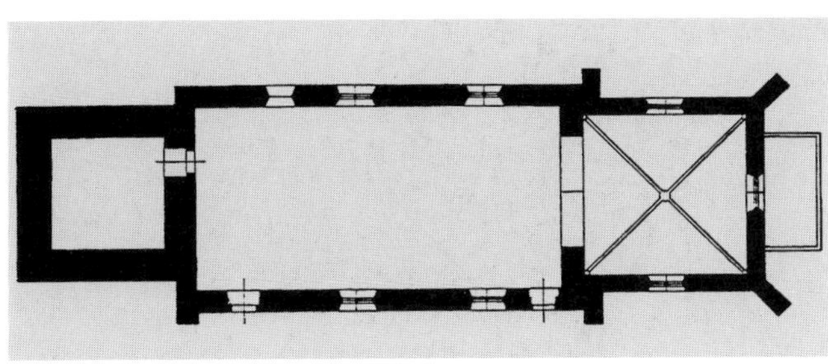

öffnete man wieder alle drei Schallöffnungen auf der Süd- und Nordseite, fand aber keinen Zugang auf der Westseite in den Turm; er ist nur vom Kirchenschiff her durch den bis zum Boden reichenden hölzernen Glockenstuhl zu betreten. Ein Rundbogen auf der Südseite des Turms könnte auf einen alten Zugang schließen lassen, der jetzt allerdings vermauert ist.

Die Spitze des Kirchturms krönen seit 1870 Kugel, Kreuz und Hahn, die gemeinsam gestiftet wurden von dem damaligen Pfarrer Friedrich Franz Neuhaus und einem „Israeliten und Viehhändler aus Kamen", der „mit diesem Geschenk dem Herrn Zebaoth ein Dankopfer bringen wollte für den reichen Segen, der ihm durch viele Jahre auf den angepachteten Fettweiden des Rittergutes Uentrop zu Theil geworden" *(Friedrich Franz Neuhaus, S. 60)*. Als weitere Rarität birgt dieser Turm eine 1723 vom Uhrmacher Diedrich Schmalt zu Herzebrock gefertigte, schmiedeeiserne Turmuhr, die seit 1991 wieder zu jeder vollen Stunde schlägt. Wie die meisten westfälischen Kirchenuhren jener Zeit ist sie noch mit einer Spindelhemmung, aber bereits mit Pendelbetrieb ausgestattet *(Claus Peter, Turmuhren)*.

Uentrop: Ev. Pfarrkirche, Schlaguhr im Turm von 1723

Nach Osten schließt sich an den Turm ein 9,50 m breites, 16 m langes und bis zur Traufe 7 m hohes Kirchenschiff an, das von einem 8 m hohen, aus dem 16. Jh. stammenden Satteldach bedeckt ist. In der Südmauer des Kirchenschiffs liegen zwei einfache Portale mit geradem Sturz, auf denen die Jahreszahl 1551 eingemeißelt ist. Das östliche Portal ist bei der Renovierung Mitte der sechziger Jahre vermauert, das westliche unter das darüber befindliche Fenster versetzt worden. Dieser Osteingang war den Patronatsherren auf Haaren und nach deren Aussterben 1783 den Reichsfreiherren von der Recke zu Uentrop vorbehalten. Auf der Südseite, der Frauenseite des Kirchenschiffs gab es für die Patronatsherren eine Gruft und für die Herren zu Uentrop eine solche im Nordostbereich, die beide nicht mehr existieren. 1848 wurde im Zuge der Erweiterung und Neugestaltung des Friedhofs eine Erbbegräbnisstelle auf der Nordseite eingerichtet.

Im Osten öffnet sich das Kirchenschiff durch einen weiten Spitzbogen zum älteren Chor hin. Diese das Kirchenschiff nach Osten begrenzende Wand trägt bemerkenswerterweise keinen ausgemauerten Giebel; die Trennwand hat sogar eine geringere Höhe als die Chorwände, was am Außenbau neben den westlichen Chorstrebepfeilern sichtbar wird. Hier liegt eine Baunaht, die auf eine Planänderung schließen lässt, denn nach Aussage der datierbaren Detailformen des Fenstermaßwerkes ist von Osten nach Westen fortschreitend um die Wende vom 15. zum 16. Jh. gebaut worden. Das Maßwerk der drei Fenster im Chorraum deutet auf eine Entstehung um 1470 hin.

Für die Kunstgeschichte bemerkenswert ist dieser schlichte Kirchenbau durch die Wandmalereien, die im Zuge der Renovierung in den Jahren 1966 bis 1968 aufgedeckt wurden. Den Grundsätzen der modernen Denkmalpflege entsprechend hat man sie nicht ergänzt, so dass der alte, verblasste Farbeindruck, der durch Übertünchung bis in unsere Zeit bewahrt wurde, erhalten geblieben ist.
Der Chor ist bald nach seiner Entstehung im späten 15. Jh. erstmalig ausgemalt worden. An den Wänden fand sich bei der Freilegung ein Apostelzyklus in fragmentarischem Zustand. Die Apostel stehen vor den gemalten Wandbehängen an der Ostwand; an der Südwand befindet sich der Drachenkampf des Hl. Georg und an der Nordseite ein Engel mit Monstranz. Im Chorgewölbe waren aus gleicher Zeit wohl ringsum Darstellungen aus dem Heilsgeschehen zu sehen. Mit Rücksicht auf eine gut erhaltene Gewölbeausmalung aus jüngerer Zeit sind

Uentrop: Ev. Pfarrkirche, Blick in Kirchenraum und Chor

Uentrop: Ev. Pfarrkirche, Der Sündenfall mit freigelegter älterer Malerei oben links

Uentrop: Ev. Pfarrkirche, Chorgewölbe

jedoch nur kleine Partien von dieser ursprünglichen Malerei aufgedeckt worden. Proben haben ergeben, dass in der Nordkappe die Anbetung der Heiligen Drei Könige dargestellt war. An der Ostwand sind Selige auf dem Weg zum Himmelstor und herabstürzende Verdammte zu erkennen: hier war wie in der Chor-Apsis häufig das Jüngste Gericht zu sehen (s. Mark: St. Pankratius). Diese spätgotische Ausmalung ist etwa um 1550 durch eine neuere ersetzt, d. h. übermalt worden. Da diese Ausmalung aus jüngerer Zeit gut erhalten ist, hat man auf eine weitergehende Aufdeckung der älteren verzichtet. Im Chorgewölbe enthält diese jüngere Malerei Darstellungen aus der Schöpfungsgeschichte: die Erschaffung der Pflanzen und Tiere; die Erschaffung Evas; der Sündenfall und Luzifers Höllensturz. Ranken und Blattwerk um den Gewölbescheitel und entlang der Rippen umrahmen diese figürlichen Szenen, und der Stern auf dem Schlussstein versinnbildlicht, dass Gott alles zusammenhält *(Heinrich Graevinghoff)*.

Die Apostel fanden bei dieser zweiten Ausmalung 1550 an den Wänden des Langhauses seitlich der Fenster ihren neuen Platz. Unter den Bildern der Apostelfürsten an der Nordwand befinden sich ein Wappen und eine Inschrift, die Heinrich von Schagen, Archidiakon der Domkirche in Münster, als Stifter nennt. Sie ist datiert auf 1553, richtiger wohl 1583 *(Heinrich Graevinghoff, S. 64)*. Immer noch lässt sich ahnen, welch gewaltigen Eindruck die lebensgroße Vergegenwärtigung der Apostel und des zu Glaubenstreue mahnenden Hl. Paulus, dem wichtigsten Gewährsmann für die Reformation, auf eine schlichte Dorfgemeinde gemacht haben muss. In ihrer Bedeutung nicht zu identifizieren ist eine Burgansicht in der Wandnische auf der östlichen Nordwand, eingerahmt von den Aposteln Thomas und Jakobus des Jüngeren.
Eine „Hochzeit zu Kana“, die Kreuzigung und ihr alttestamentarisches Gegenstück, die eherne Schlange (4. Mose 21. 4-9), sind im rückwärtigen Kirchenschiff auf die West- und Nordwand gemalt.

Von der sonstigen Ausstattung verdient vor allem der Taufstein aus Sandstein Erwähnung: ein leicht konischer Zylinder mit einem kräftigen Sockel aus Kehle, Wulst und Platte und einem breiten vorgewölbten Abschlussfries aus plastisch eingeschnittenen Palmettenblättern, darüber eine Deckplatte (68 cm hoch, Ø 89 cm). In das glatte Gewände ist in ganzer Höhe eine eckige Nische mit zugespitztem Kleeblattbogen und darin die fast vollplastische Figur eines Ritters in Kettenhemd, Lederwams und Topfhelm mit Bügel eingemeißelt. In der rechten Hand hält er das gezogene Schwert, in der linken den Schild: offensichtlich der Hl. Georg, der seit den Kreuzzügen einer der beliebtesten Schutzpatrone des Mittelalters war.

Uentrop: Ev. Pfarrkirche, Taufstein

Reizvoll sind schließlich auch die Fenster mit ihrer Verglasung im Maßwerk; das Ostfenster wurde erst bei der Renovierung 1967/68 wieder freigelegt und neu verglast. In der Spitze der Seitenfenster sieht man ein vom Strahlenkranz umgebenes „Auge Gottes“ in einem gelben Dreieck, umrahmt von blauem Glas. Darunter befinden sich lockenköpfige Engel mit weißen Kragen. Im Maßwerk der Fenster des Kirchenschiffs sind Kelch, Segenshand, Taube des Heiligen Geistes und das Zeichen „JHS“ (aus der griechischen Schreibweise abgeleitete Abkürzung für den Namen Jesu) umgeben von Wappenschilden, zu erkennen.

Der schlichte Altar, die Kanzel und die Bänke stammen aus der Zeit der Restaurierung von 1969. Im gleichen Jahr wurde auch eine neue kleine Orgel aus der Hamburger Werkstatt Rudolf von Beckerath an der Westwand eingebaut. Die Kirche bekam eine neue Heizung und einen Sakristeianbau mit Nebenräumen an der Ostseite.

Glocken

Evangelische Pfarrkirche

Die Uentroper Kirche hat neben der St.-Victor-Kirche in Herringen als einzige auf Hammer Stadtgebiet ein komplett erhaltenes, altes Dreiergeläute bewahrt. Die große Glocke von 1505 (**I**) erweist sich mit ihrem charakteristischen Blattfries unterhalb der Schulterinschrift als eine Arbeit der Dortmunder Werkstatt. Allerdings stammt sie nicht mehr von deren Hauptvertreter, Johannes von Dortmund, sondern von einem seiner direkten Nachfolger, die das von ihm gebrauchte Dekorationsschema – Minuskelinschrift mit umlaufendem stilisierten Blattfries – konsequent weiter benutzten.

Die zweite Glocke (**II**), vermutlich im frühen 15. Jh. entstanden, ist ein Einzelstück, zu dem bisher keine Vergleichsbeispiele aufgefunden werden konnten. Die schlicht dekorierte gotische Glocke, die Mitte des 19. Jh. eine neue Krone erhielt, hängt an einem schön geformten älteren Holzjoch.

Die kleinste von 1771 (**III**) hängt noch am damals eingebauten originalen Holzjoch. Sie ist ein Werk des letzten im Dienste des Hochstiftes Münster stehenden Glockengießers, Johann Michael Stocky, der einer aus Saarburg bei Trier zugewanderten Glockengießerfamilie entstammte. Seine große Gießermarke mit Glocke und Kanone ist auf der Flanke der Glocke angebracht. In der Inschrift leistet der Gießer Gewähr dafür, dass die Glocke in den folgenden drei Jahren nichts an Gewicht verlieren werde.

Im Turm der Kirche hat sich die größte alte Glockenstuhlanlage des heutigen Stadtgebietes erhalten. Der eigentliche Glockenstuhl, ein Drei-Felder-Bockstrebenstuhl, ruht auf einem völlig frei im Turm stehenden, bis auf den Boden reichenden viergeschossigen Unterbau. Der Unterbau in der heutigen Schwingrichtung der Glocken besitzt nur wenige originale Dreiecksverbände, da die Glocken früher ausschließlich ruhig hingen und mit dem Klöppel von Hand angeschlagen wurden (Beiern). Um die Glocken, wie heute üblich, schwingend läuten zu können, mussten eiserne Aussteifungen eingebaut werden. 1987 waren aufgrund jahrzehntelanger Einwirkung von Feuchtigkeit und Schmutz umfangreiche Sanierungsarbeiten am Glockenstuhl notwendig.

Heutiger Bestand:

I	1505 Dortmunder Werkstatt	Ton e´-4	Ø 1135 mm ~ 900 kg
II	fr. 15. Jh. unbekannter Gießer	Ton fis´+3	Ø 1095 mm ~ 850 kg
III	1771 Joh. Mich. Stocky	Ton h´+3	Ø 777 mm ~ 250 kg

Uentrop: Ev. Pfarrkirche, Glocke II um 1400 (Werner Viegener)

Uentrop: Ev. Pfarrkirche, Glocke III von 1771

Uentrop: Ev. Pfarrkirche, Glocke I von 1505, Schulterzier

St. Antonius in Geithe

Die Vorgängerkirche der heutigen Geither Kirche, eine 1785 geweihte Fachwerkkapelle, besaß einen Dachreiter mit zwei kleinen Glocken. Wahrscheinlich handelte es sich dabei um jene zwei Glocken, die sich später in der katholischen Notkirche zu Werries befanden. Eine von ihnen wurde 1892 umgegossen; ihr weiterer Verbleib ist unbekannt. Die andere stammte aus dem Jahr 1817, wurde zuletzt als zersprungen bezeichnet und vermutlich im Ersten Weltkrieg vernichtet.

Die 1896 errichtete heutige Kirche erhielt 1899 zwei von Heinrich Humpert aus Brilon gegossene Glocken. Eine davon fiel im Ersten Weltkrieg der Enteignung anheim. 1928 wurde das Geläute mit der Beschaffung zweier, ebenfalls in Brilon gegossener Glocken dreistimmig. 1942 verblieb nur eine der 1928 gegossenen Glocken. Sie existiert noch heute und ist als eine der ganz wenigen aus dieser Zeit besonders schutzwürdig (**III**). Zu ihr traten 1953 zwei Sonderbronzeglocken (**I/II**) von Albert Junker aus Brilon, womit das Geläute seine gegenwärtige Gestalt erhielt.

Heutiger Bestand:

I	1953 A. Junker	Ton fis´-7	Ø 1137 mm ~ 940 kg
II	1953 A. Junker	Ton a´-9	Ø 952 mm ~ 500 kg
III	1928 H. Humpert	Ton h´-7	Ø 836 mm ~ 350 kg

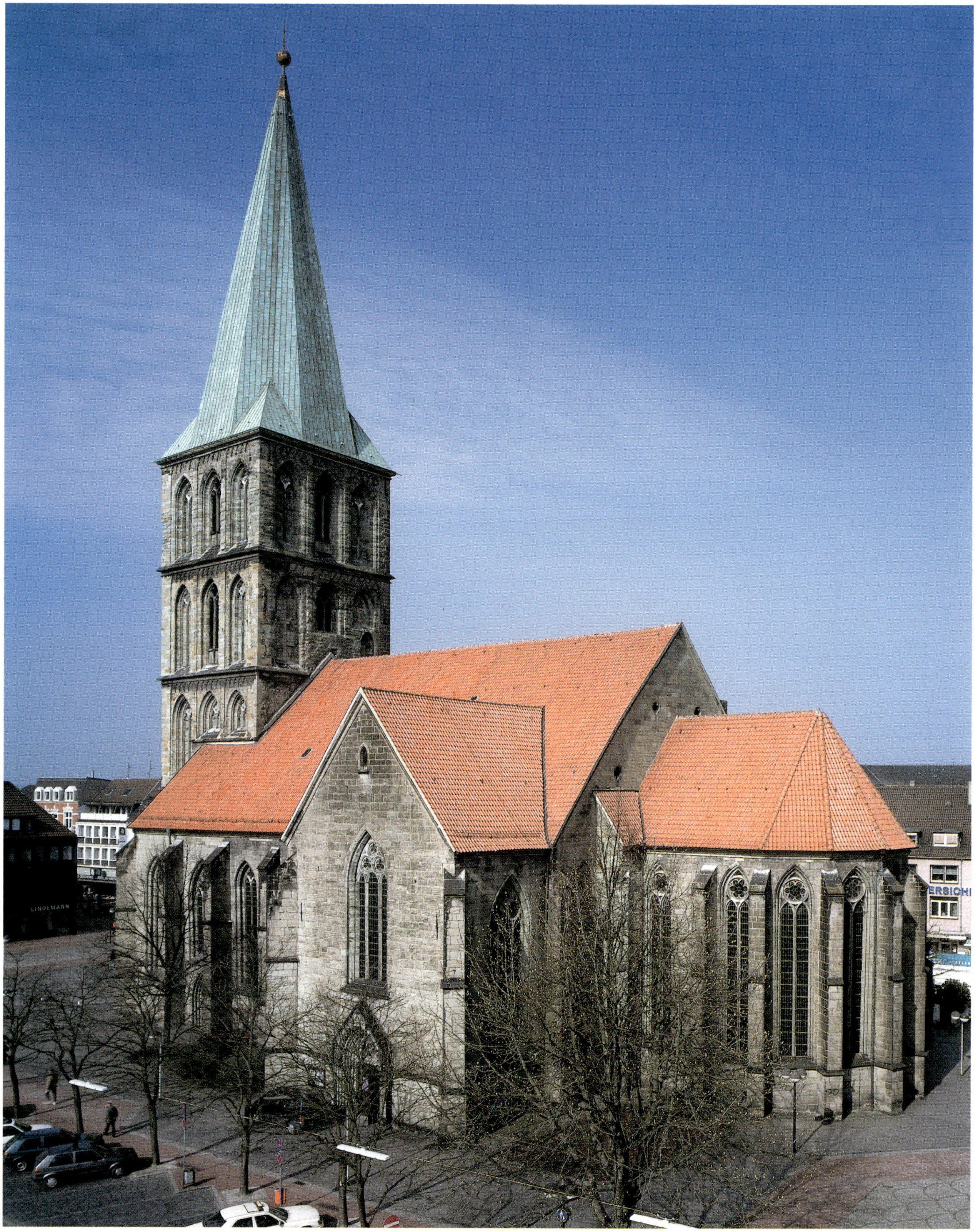
LINDEMANN

Hamm: Evangelische Pauluskirche

Dem von Norden kommenden Betrachter bietet sich noch nahezu das gleiche Stadtbild, das Matthaeus Merian 1647 in seiner „Topographia Westphaliae“ von Hamm festgehalten hat: Der hohe Turmhelm der „Großen Kirche“ beherrscht das Stadtzentrum. Aber es ist nicht derselbe Turm, den einst der Zeichner für Merians Kupferstichwerk mit den „vornembsten und bekantisten“ Städten und Plätzen „im hochlöblichen westphälischen Craiße“ festgehalten hat. Wiederholte Brände schon im Mittelalter und noch im 18. Jh. haben die Bausubstanz verändert und zum Teil zerstört, ein Übriges besorgten die Bomben des Zweiten Weltkrieges. Sie haben insbesondere den Turm so stark beschädigt, dass man zunächst befürchtete, ihn ganz aufgeben zu müssen. Seine Wiederherstellung und Krönung durch einen gotischen Helm wurde ein Anliegen der gesamten Bürgerschaft und damit ein Zeichen für ihren Wiederaufbauwillen nach den Schrecken des Krieges.

Im Kern jedenfalls kann das Bauwerk auf eine Kirche zurückgeführt werden, die bald nach der Gründung der Stadt durch Graf Adolf von der Mark am Aschermittwoch des Jahres 1226 entstanden ist. Die neue Stadt, die die Einwohner des zerstörten Nienbrügge aufnahm, lag in der Gemarkung des Kirchspiels Mark, in der der Landesherr seine Burg und bereits eine dem Hl. Pankratius geweihte Kirche besaß. Zwar erhielt Hamm alsbald ein dem Soester Vorbild folgendes Stadtrecht, kirchlich blieb die Neugründung aber noch länger als 100 Jahre der Pfarrkirche in Mark untergeordnet. Das erste Gotteshaus war wohl nur eine Kapelle, die im Bereich des südlichen Querhauses der heutigen Pauluskirche vermutet wird. Denn dort sind Unregelmäßigkeiten in Grundriss und Gestaltung des aufgehenden Mauerwerkes zu finden, die die Annahme stützen, dass sich hier die Reste des ersten Gotteshauses befinden. Konkrete Beweise dafür fehlen, es sei denn, man lässt das breite, ausladende Querhaus mit dem Vorchor dafür gelten, weil beide stilgeschichtlich noch der Epoche der Spätromanik angehören und somit in der Gründungszeit der Stadt begonnen worden sein dürften. Die erste schriftliche Nachricht stammt vom 6. 6. 1254: Graf Engelbert I. von der Mark überträgt das Patronat über die Kirche in Mark und ihre Kapelle in Hamm dem Stift Cappenberg.
Für das Jahr 1275 ist ein Stadtbrand überliefert, der auf die Häuser der jungen Stadt, die aus Holz, Lehm und Stroh errichtet waren, und auf den beginnenden Kirchenbau verheerende Wirkung gehabt haben muss. Für das Gedeihen der Neugründung spricht es, dass die Bautätigkeit im letzten Viertel des 13. Jh. wieder aufgenommen

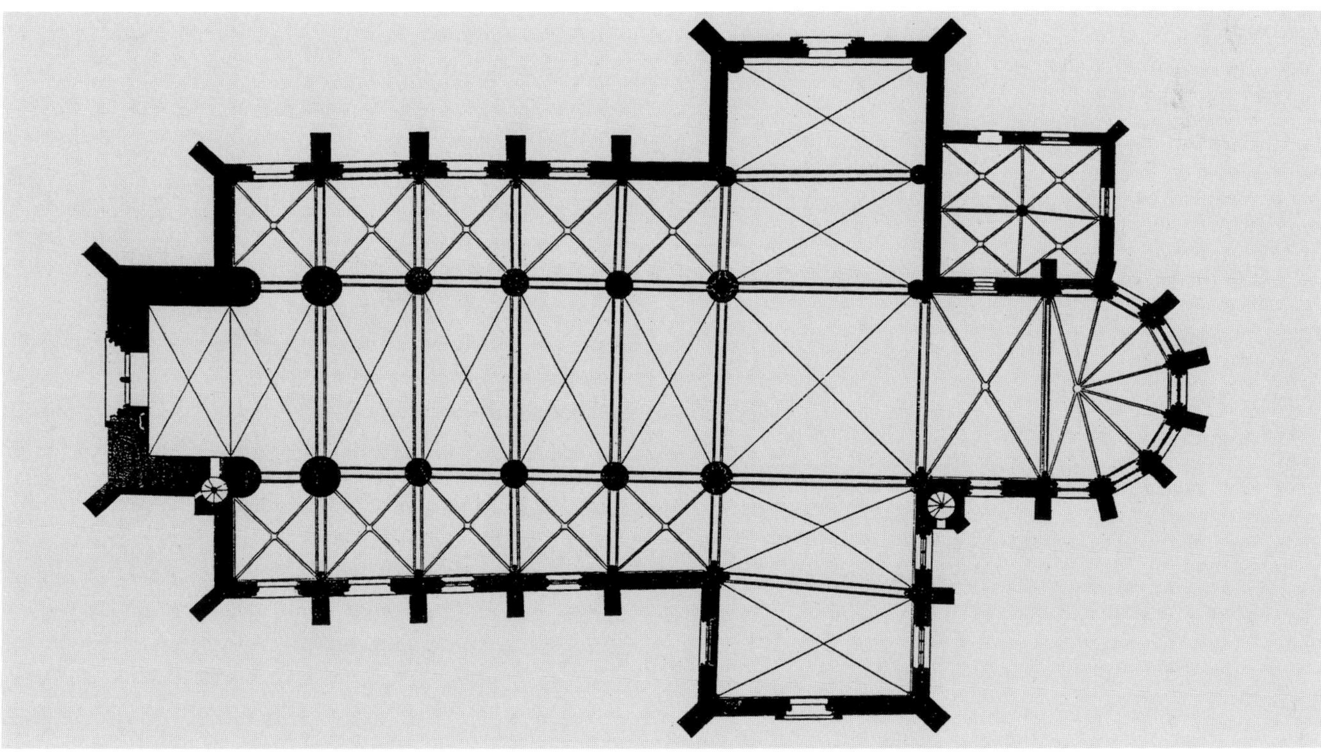

und die Kirche mit einem Chorabschluss gekrönt wurde, den man als den „stilgeschichtlich bedeutendsten Teil, in den Formen verwandt mit der Elisabeth-Kirche in Marburg“ bezeichnet hat *(Georg Dehio)*. Der Baumeister des Nordquerhauses vom Paderborner Dom könnte die damals moderne Architektur nach Westfalen vermittelt haben. Die Wandauflösung ist vollkommen durchgeführt, zwischen den Strebepfeilern erscheint keine Mauermasse mehr. Die hohen zweiteiligen Fenster sind innen und außen mit Rundstäben besetzt, die auf Sockeln mit tellerartig flachen Basen stehen und ohne Kapitelle in Spitzbögen übergehen. An den Gewänden steigen innen und außen je zwei Stäbe auf, von denen der stärkere für sich steht, während aus dem schwächeren der Spitzbogen der Unterteilung und weiter oben der Stab des Maßwerkkreises abzweigen. In diesen Kreis ist ein Sechspass eingeschrieben. In den Enden des Polygons stehen innen, auf gestuften Sockeln mit Laubwerkkapitellen versehen, dreiteilige Dienstbündel für Rippen und Schildbögen und an den gestreckten Polygonseiten fünfteilige für Gurt, Rippen und Schildbögen *(Heinrich Ossenberg)*.

1307 wird erneut von einem Stadtbrand berichtet, der vermutlich den Weiterbau der Kirche gehemmt hat. Erst mit der 1337 vollendeten Abpfarrung von Mark begann ein neuer Abschnitt in der Baugeschichte der Pauluskirche. Die den Hl. Georg und Laurentius geweihte Kirche wurde vom Erzbischof von Köln – wohl der Stadtentwicklung entsprechend – zur selbstständigen Pfarre erhoben. Die beiden Kirchenpatrone – der Ritter Georg mit Schwert und Drachen, der Diakon Laurentius mit Rost, weil er der Legende nach darauf liegend im Feuer sein Martyrium erlitten hat – finden sich in den Schlusssteinen des Sakristeigewölbes dargestellt. Als Dritter ist ihnen dort der Hl. Adrian zugesellt: mit Schwert in der Rechten, Armbrust in der Linken und einem Löwen zu seinen Füßen. Dieser Sakristeianbau in der Ecke zwischen Nordquerhaus und Chorjoch war einst zweistöckig. In die erste Hälfte des 14. Jh. wird die Errichtung des Turmes und des fünfschiffigen Langhauses mit seinen Seitenschiffen datiert. Maßwerk und Details im Gewände von Turm- und Langhausfenstern legen die Annahme nahe, dass von Westen nach Osten gebaut worden ist. Dabei hat sich offenbar eine Achsverschiebung zwischen Turm und Chor der Kirche ergeben. Während sich das Langhaus in den Pfeilern nach der Chorachse richtet, folgen die stark nach Süden abbiegenden Wände denen des Turmes. Diese Änderung in der Achsenrichtung bewirkt eine Verlängerung der Nordseite des Langhauses. Der Unterschied tritt beim zweiten Joch von Osten in Erscheinung, dessen nördliche Wand einen halben Meter länger ist als die südliche und ein dreiteiliges Fenster statt eines zweiteiligen aufweist. Dieses Fenster an der Nordseite dürfte zeitlich als letztes entstanden sein.

Der Eindruck des Inneren wird im Wesentlichen bestimmt durch die kräftigen Rundpfeiler, die den Hallenraum des Langhauses in seine drei Schiffe teilen. Fünf Pfeilerpaare mit einfachen, gekehlten Kämpfern gliedern den Raum in fünf querrechteckige Mittelschiffjoche und fast quadratische Seitenschiffjoche. Das westliche Pfeilerpaar ist besonders massiv ausgebildet, weil auf ihm der Ostteil des Turmes ruht. Zu seiner Stabilisierung sind Betonstützen für zusätzliche Zwischendecken im Turm eingezogen, die das moderne Kreuzgewölbe und den Turmhelm tragen.
Auch das östliche Pfeilerpaar an der Vierung ist stärker als die übrigen. Den Pfeilern entsprechen in den Seitenschiffen halbrunde Wandpfeiler, von denen die Gurtbögen und Gewölberippen ihren Ausgang nehmen. Nur zwischen dem zweiten Joch von Osten und dem dritten im Westen bildet ein dreiteiliger Bündelpfeiler in beiden Seitenschiffen die Wandstütze. Das westliche Joch des südlichen Seitenschiffes ist als Kriegergedächtniskapelle abgetrennt.
Über Fertigstellung und Weihe des Kirchengebäudes wissen wir nichts, doch lässt die Stiftung von Altären, die seit 1375 überliefert ist, vermuten, dass man Ende des 14. Jh. mit der Ausstattung des Inneren beschäftigt war.

Die Reformation fand zunächst nur zögernd in Hamm Eingang. Der für ihre Verbreitung landauf und landab tätige Diedrich Fabricius berichtete, er habe 1533 bei einem Besuch der Stadt eine zahlreiche evangelische Bürgerschaft vorgefunden, die er zu stärken gesucht habe; offenbar unter dem Einfluss aus Münster hatte sich sogar ein Kreis von Wiedertäufern zusammengefunden *(Friedrich Wilhelm Bauks)*. Doch die unentschiedene Haltung des Landesherrn in Kleve, die eher auf einen humanistisch geprägten, religionspolitischen Ausgleich zielte *(Robert Stupperich)*, mag dem Rat seiner märkischen Hauptstadt Zurückhaltung gegenüber jeder Neuerung nahe gelegt haben. Noch 1545 ließ er einen Bürger hinrichten, der beim Umtragen des Marienbildes während einer Prozession gestört hatte. Doch nach der Jahrhundertmitte bildeten sich nicht zuletzt unter dem Einfluss von Religionsflüchtlingen aus den Niederlanden am Niederrhein und bald auch in Westfalen calvinistische Gemeinden. Hamm wurde zu der ersten Stadt mit reformiertem Bekenntnis in der Grafschaft Mark.

Hamm: Ev. Pauluskirche, Blick in Langhaus und Chor

Hamm: Ev. Pauluskirche, Blick in Chorjoch und Chor

Hamm: Ev. Pauluskirche, Kapitell am Chorbogen

1561 kam aus Deventer der Prediger Karl Gallus in die Stadt, von der Bürgerschaft gewählt und nach einigem Widerstand auch von der klevischen Regierung bestätigt. Ein Jahr später schaffte er „alle katholischen Gebräuche" ab, führte den Heidelberger Katechismus ein und entfernte mit Zustimmung des Rates alle Bildwerke aus der Kirche. Gallus musste nach 15 Jahren Hamm im Unfrieden mit Rat und Bürgern wieder verlassen. Der Versuch der herzoglichen Regierung, der Stadt wieder einen altgläubigen Priester aufzudrängen, scheiterte. Noch im gleichen Jahr nahm die Gemeinde die reformierten Prediger Gerhard Poth und Johannes Hardius an, und offenbar wurden sie auch aus Kleve bestätigt. Damit war der Konfessionswechsel endgültig vollzogen.

Die auf Initiative von Karl Gallus entfernten und nicht mehr benötigten kirchlichen Ausstattungsstücke wurden noch viele Jahre später zu Gunsten der Kirche verwertet. 1587 teilte man ein Hungertuch, westfälisch auch „Schmachtlappen" genannt, in zwei Teile für den Abendmahl-Tisch. Dieses Tuch hatte während der Fastenzeit die Sicht auf den Hochaltar verhüllt. 1591 wurde ein Weihrauchfass und ein Ziborium aus Silber an einen Goldschmied verkauft. Noch 1614 wurden Monstranz, Reliquienbehälter, Kelche und anderes Altargerät aus einem Monstranzen-Häuschen veräußert. Die Nebenaltäre, von denen es mindestens 20 gab, wurden ab 1586, verstärkt aber erst ab 1615, abgeräumt. Das Innere der Kirche wurde 1652 umfassend restauriert, der Fußboden erneuert, die alten „blauen Steine" durch Backsteine ersetzt, neue Bänke aufgestellt und Chor, Seitenschiffe und Kanzel sowie „Armenkasten" weiß, die Türen schwarz und ein „Lettner" schwarz und weiß gestrichen. Hierbei bleibt fraglich, was mit dem sogenannten Lettner gemeint gewesen sein mag, da es solche Schranken zwischen Geistlichkeit und Laien in den einfachen Pfarrkirchen eigentlich nicht gab. Um ein steinernes Sakramentshaus abzubrechen, benötigte man 1656 drei Arbeitstage; es muss somit eine beachtliche Größe gehabt haben und war damit vielleicht einem solchen ähnlich, wie es in Westfalen u. a. die Lippstädter Große Marienkirche bewahrt hat. 1695 schließlich ist vom Abbruch des Lettners die Rede.

Hamm: Ev. Pauluskirche, Schlusssteine im Sakristeigewölbe

Von der alten Ausstattung blieb immer noch im Chor der mittelalterliche Hochaltar erhalten, bis er dem Brand zum Opfer fiel, der am 16.4.1741 die Stadt heimsuchte *(Adolf Schillupp)*.
Dieser Brand zerstörte ganz oder teilweise 346 Häuser in der Stadt und beschädigte das Kirchengebäude mit seiner Einrichtung schwer. Der Turm verlor seinen hohen gotischen Helm, der sich über vier Giebeln erhoben hatte, wie der Kupferstich von Merian erkennen lässt. Unter seinem Gewicht stürzten die Mittelschiffsgewölbe ein; Orgel, Kanzel und Gestühl wurden ein Raub der Flammen. Beim Wiederaufbau mussten die beschädigten Pfeiler im Nordarm des Querschiffes ummantelt werden. Dass in ähnlicher Weise auch mit älteren Stützen des Langhauses verfahren worden sei, wie man vermutet hat, ist wohl auszuschließen *(Heinrich Ossenberg, S. 86 Anm. 4)*. Die Wiederherstellungsarbeiten nach dem Zweiten Weltkrieg mit Vertiefung des Bodens auf seine alte Höhe und Freilegung der Säulenbasen haben keine neuen Erkenntnisse in dieser Richtung gebracht. Das Mittelschiff erhielt nach dem Brand Mitte des 18. Jh. an Stelle der mittelalterlichen neue, rippenlose, backsteingemauerte Gewölbe, deren Scheidbögen niedriger angelegt wurden als die ursprünglichen Ansätze, die noch im Innern wie auch über dem Gewölbe erkennbar sind. Der Turmhelm wurde 1753/54 durch eine behäbige Barockhaube ersetzt. Diese Gestalt bewahrte der Turm für nahezu 200 Jahre bis in die Bombennächte des Zweiten Weltkrieges.

Hamm: Ev. Pauluskirche, Turmhelm von 1754 (Gustav-Lübcke-Museum)

Die mittelalterlichen Kirchenpatrone waren zu dieser Zeit längst vergessen. Calvin hatte nicht nur, wie Luther, den Reliquienkult abgeschafft, sondern auch die Kirchenpatrozinien *(Arnold Angenendt)*. Man nannte die Kirche jetzt die „Große oder reformierte Kirche", um sie von der Kirche der Lutheraner zu unterscheiden, die in den dreißiger Jahren des 18. Jh. für die Bedürfnisse der Garnison errichtet worden war. 1624 bekannten sich von etwa 1000 Bürgern der Stadt nur noch 10 zum lutherischen und fünf zum katholischen Bekenntnis. 1817 rief König Friedrich Wilhelm III. anlässlich des 400-jährigen Jubelfestes der Reformation seine evangelischen Untertanen zur Vereinigung der Bekenntnisse auf. Der Ratgeber des Königs dabei war der aus Hamm stammende Hofprediger Rulemann Friedrich Eylert (1770-1852). Obwohl grundsätzlich begrüßt, dauerte es in Hamm noch vier Jahre, bis alle Gemeindemitglieder zustimmten und die Vereinigung zur Kirche der evangelischen preußischen Union gefeiert werden konnte. Die „Große Kirche" wurde schließlich am 28.3.1912 zur „Pauluskirche" mit der Begründung des Presbyteriums, „der größeren, der alten reformierten (Kirche), gebührt der Name des größten Zeugen Christi, des Paulus, der kleineren, der alten lutherischen, der Name unseres größten Paulusjüngers: Luther."

In den Jahren 1893 bis 1895 ist die Kirche unter der Leitung des Architekten Fischer aus Barmen durchgreifend restauriert worden. Hierbei wurde der Außenbau, dessen grüner Sandstein durch die Witterungseinflüsse der Jahrhunderte gelitten hatte, größtenteils neu verblendet. Bedauerlicherweise gingen durch diese sogenannte Wiederherstellung die plastisch reich ausgestatteten Portale an den Giebelfronten des Querschiffes verloren. Sie wurden durch neue, höher liegende ersetzt. Das Innere befreite man von der hölzernen Empore, die die Raumwirkung beeinträchtigt hatte. Beseitigt wurde auch der Kanzelaltar aus der Mitte des 18. Jh., den der Hammer Tischler Christoph Dörendahl geschaffen haben soll (s. Lutherkirche und Pelkum: St. Jakobus).
Am 30.9.1944 wurde die Kirche durch Brand- und Sprengbomben weitgehend zerstört, der barocke Turmhelm brannte aus, herabstürzend vernichteten seine Trüm-

Hamm: Ev. Pauluskirche, Zustand nach 1945 (Westfälisches Amt für Denkmalpflege)

mer das gesamte Kirchendach. Zahlreiche Gewölbe stürzten ein, die meisten Fenster verloren ihr Maßwerk. Das Mauerwerk, das an vielen Stellen Schaden genommen hatte, brach schließlich an der südwestlichen Ecke des Kirchengebäudes neben dem Turm völlig zusammen. Der Turm zeigte neben zahlreichen Schäden in seinen Umfassungsmauern einen großen durchgehenden Riss vom Portal bis zum Dachgesims, so dass er auseinander zu brechen drohte. Im Oktober/November 1947 konnten die erhalten gebliebenen Gewölbe des Mittelschiffes und der beiden Seitenschiffe gesichert werden. Im Januar/März 1949 gelang eine erste Sicherung des bereits aufgegebenen Turmes. 1951 konnte die zerstörte Südwestecke des Kirchengebäudes wieder aufgebaut und im Herbst über dem Langhaus ein neuer Dachstuhl errichtet werden. Der Turm, den man nun erhalten wollte, blieb durch das Einbringen von Zugankern vor dem Auseinanderfallen bewahrt. 1953 feierte man das Richtfest im erneuerten Chor. Nachdem auch die barocken Gewölbe über Vierung und Querhaus erstellt und die alte Fußbodenhöhe zurückgewonnen worden war, konnte zum Reformationsfest im Jahre 1954 die Kirche insgesamt eingeweiht werden. Nach dem großen Brand Mitte des 18. Jh. hatte man den Schutt in der Kirche liegen lassen und den neuen Boden einfach darüber gelegt; insgesamt fanden sich bei der Ausräumung drei Brandschuttschichten! Unter lebhafter Anteilnahme der Bürgerschaft entstand schließlich in den Jahren 1961/62 der neue Turmhelm nach einem Entwurf des Architekten Bernhard Hopp aus Hamburg; er hatte schon 1937/38 die Johanneskirche im Hammer Norden gebaut. Damit hatte die Pauluskirche mit einer Turmhöhe von 79,30 m „eine der schönsten Turmlösungen weit im Lande“ gefunden *(Hans Wille)*.

Im Turmraum hat eine alte Glocke ihren Platz gefunden, die 1743 aus den Bruchstücken des beim großen Stadtbrand 1741 niedergestürzten und zerstörten Geläutes gegossen worden ist. Dieser Glocke hat sich heute der Wetterhahn von der alten Turmspitze zugesellt, der 1604 zum ersten Mal erwähnt wird. Laut Inschrift wurde er auf den barocken Helm gesetzt, den Meister C. Dörendahl 1753 errichtet hatte. Die eingravierten Namen könnten sich auf die damaligen Kirchenältesten beziehen. Nach der Vertreibung Napoleons und der Rückkehr der Preußen nach Hamm erhielt der Hahn noch einen preußischen Adler mit Krone aufgesetzt, der heute fehlt *(Hermann Josef Berges, Abb. S. 31)*. Mehrfach erneuert ist der Hahn 1928 endgültig abgenommen worden *(Heinrich Ossenberg)*. Die am 3. 12. 1967 eingeweihte Orgel mit 39 Registern stammt von der Firma Rudolf von Beckerath aus Hamburg.

Hamm: Ev. Pauluskirche, Wetterhahn vom Turm

Hamm: Ev. Pauluskirche, Epitaph des Heinrich von Wrede

An alter Ausstattung finden sich nur noch drei Epitaphien in der Kirche. Das im Südquerschiff an der Westseite befindliche Grabmal gedenkt der 1609 verstorbenen 13-jährigen Tochter der Familie Pentlingk; ein wenige Jahre jüngeres Epitaph für Heinrich von Wrede ist im südlichen Langschiff. Beide Werke stammen wohl aus der Werkstatt des Hans Lake in Münster (s. Herringen: St. Victor). Ein Epitaph im nördlichen Längsschiff ehrt den Generalmajor und Kurator der Hohen Schule zu Hamm: Generalmajor Joh. du Buisson, der 1726 verstarb. Zwei Leuchterpaare aus Zinn, eines aus dem 17. Jh. (77 cm hoch), und ein anderes aus dem 18. Jh. (21 cm hoch) stehen heute im Gustav-Lübcke-Museum.

„In ihrer äußeren Gestalt hat die Kirche das Aussehen zurückerhalten, das ihr ihre Erbauer im 13. und 14. Jh. gegeben hatten... Das Innere hat durch die Tieferlegung des Fußbodens auf die alte Höhe sehr gewonnen, weil die Rundpfeiler wie ursprünglich in ihrer ganzen Höhe sichtbar und die Proportionen schlanker geworden sind. Auch trägt die vom Erbauer beabsichtigte und zurückgewonnene Einbeziehung des Turmes in den Kirchenraum wesentlich dazu bei, den stattlichen Hallenraum in seiner vollständigen Länge zur Wirkung gelangen zu lassen. Auf diese Weise ist die Pauluskirche wiedererstanden als ältestes monumentales Bauwerk der Stadt, das in seinem frühesten Teil auf eine 700jährige Vergangenheit zurückblicken kann. Gemeinsame religiöse Verpflichtungen und gemeinsamer städtischer Geist haben einst unter Opfern die Errichtung dieser Hallenkirche großen Ausmaßes ermöglicht. Ihr Turm war für Jahrhunderte das Symbol städtischer Macht und Größe. Im Bewusstsein dieser Tradition hat unsere Zeit versucht, mit den ihr zur Verfügung stehenden Mitteln das Gebäude wieder in den Zustand zu versetzen, der ihm gebührt und seiner würdig ist."

Als Herbert Zink diese Zeilen für die im Jahre 1965 erschienene „Chronik einer Stadt" schrieb, glaubte man mit dem Wiederaufbau länger als nur für ein halbes Jahrhundert vorgesorgt zu haben. Inzwischen zeigt sich jedoch, dass insbesondere das Mauerwerk von Turm und Kirchenschiff durch Brand und Witterung stärker gelitten hatten, als seinerzeit angenommen wurde und deshalb eine umfassende Außenrestaurierung erforderlich wird. Jahrhundertealte Baudenkmale erfordern von jeder Generation Opfer an ideellem und materiellem Einsatz, soll das ehrwürdige und größte Wahrzeichen bürgerlichen Gemeinsinns für die Stadt bewahrt bleiben.

Hamm: Ev. Pauluskirche, Chorkonzert unter Leitung von Joshard Daus Februar 1999

Glocken

Die sehr wechselvolle Glockengeschichte der Kirche lässt sich vor allem anhand der seit 1579 erhaltenen Kirchenrechnungen aufzeigen, die für das 16. Jh. mehrere noch aus vorreformatorischer Tradition überlieferte Glockennamen erwähnen. Zum Jahr 1610 wird vom Umguss einer Glocke berichtet. Drei Jahre später erfolgte der Umguss des gesamten Geläutes. Der Meister war sehr wahrscheinlich Herman Kellersmann aus Wiedenbrück, der im gleichen Jahr auch für die Pankratiuskirche in Hamm-Mark arbeitete und von Hamm aus Schriftwechsel mit der dortigen Gemeinde führte.

Kaum 100 Jahre später, 1708, wurden erneut alle Glocken umgegossen, diesmal durch Bernhard Wilhelm Stule, der den Guss der vier neuen Glocken teils in Arnsberg, teils in Dortmund tätigte. Das neue Geläute bestand allerdings nur wenige Jahrzehnte bis zum großen Stadtbrand 1741. Zwei Jahre später dienten die Trümmer der vier zerstörten Glocken als Metalleinsatz beim Guss eines neuen Geläutes von jetzt nur noch drei Glocken, die 1743 durch Johann Schweys in Münster fertig gestellt wurden. Die Inschrift der großen Glocke berichtet eingehend von diesem, in der Geschichte Hamms wohl schwersten Stadtbrand des Jahres 1741. Diese als einzige noch erhaltene Glocke von 1743 überstand den Zweiten Weltkrieg auf dem Sammellager Lünen und steht heute in der Turmhalle, Schlagton cis´+ 9, 1325 mm, Gewicht ca. 1500 kg. Obwohl es möglich gewesen wäre, wurde dieses stadtgeschichtlich so bedeutsame Musikdenkmal nicht wieder in Betrieb genommen

Glocke von 1743 mit Doppelwappen (Westfälisches Amt für Denkmalpflege)

Die kleinste Glocke von 1743 wurde 1780 von Hermann Spicker aus Meiderich umgegossen. Der Guss misslang, da die neue Glocke mit der zweiten von 1743 tongleich ausfiel. Gemeinsam mit der neuen entstanden zwei kleine Uhrglocken, die oben außen an der Turmhaube angebracht wurden. Eine der zwei tongleichen Glocken, die Glocke von 1780, wurde nach dem Ersten Weltkrieg an die Lutherkirche abgegeben, die 1917 beide Glocken verloren hatte. In der Pauluskirche trat an ihre Stelle eine neue, 1922 von Franz Schilling in Apolda gelieferte Glocke. Diese fiel dem Zweiten Weltkrieg zum Opfer.

Die zweite, mittlere Glocke von 1743 stürzte 1944 im brennenden Turm ab und ging zu Grunde. Auch die mehrfach, zuletzt 1922, mit einem neuen Werk ausgestattete Turmuhr, deren Geschichte sich bis ins 16. Jh. verfolgen ließ und die ehemals eine Anzeige für die Mondphasen besaß, wurde damals vernichtet. 1957 lieferte der Bochumer Verein das bestehende, größtenteils von verschiedenen Hammer Firmen gestiftete Gussstahlgeläute (**I/II/III/IV/V**). Es gehört zu den ganz wenigen, wirklich hörenswerten unter den in Hamm so zahlreichen Stahlgeläuten. Die Höhe des Turmes und die gute Turmstubenakustik tragen wesentlich zum positiven Eindruck dieses Geläutes bei.

Heutiger Bestand:

I	1957 BVG	Ton a°-5	Ø 1980 mm	2774 kg
II	1957 BVG	Ton h°-1	Ø 1800 mm	2194 kg
III	1957 BVG	Ton d´± 0	Ø 1510 mm	1342 kg
IV	1957 BVG	Ton e´-1	Ø 1350 mm	955 kg
V	1957 BVG	Ton g´+2	Ø 1110 mm	543 kg

Hamm: Ev. Pauluskirche, große Glocke von 1743 auf dem Sammellager Lünen (Westfälisches Amt für Denkmalpflege)

Hamm: Katholische Pfarrkirche St. Agnes

Wie in anderen mittelalterlichen Städten haben auch in Hamm klösterliche Niederlassungen das religiöse Leben bereichert. Schon um 1270 wird ein adliges Zisterzienserinnenkloster Marienhof, „Curia S. Mariae", erwähnt, das 20 Jahre später auf den von Graf Engelbert gestifteten Hof Kentrop übersiedelt. Die dem Mutterkloster zu Altenberg unterstellte Gründung hat bis zur Säkularisation Anfang des 19. Jh. bestanden; die Klostergebäude sind erst 1823 niedergelegt worden. 10 Jahre nach Gründung des Marienhofes entstand in der Nordenfeldmark, also im Bereich der Diözese Münster, an der Abzweigung der Straße nach Heessen das „Nordenhospital" für Arme und Hilflose. Später scheint es den Charakter eines Beginenhauses angenommen zu haben. Die der Hl. Maria Magdalena geweihte Kapelle aus dem 15. Jh. wurde im Dreißigjährigen Krieg weitgehend zerstört, dann als Fachwerkbau wiederhergestellt und Anfang des 19. Jh. abgebrochen. Ein weiteres Haus der im späten Mittelalter aus den Niederlanden kommenden Gemeinschaft der Beginen wird seit 1490 an der Brüderstraße im Stadtzentrum bezeugt. Überreste der zu der Stiftung „Westenhospital" gehörenden, „Unserer lieben Frau" gewidmeten Kapelle wurden 1937 beim Abbruch eines Hauses am Eingang der Lutherstraße gegenüber dem ehemaligen Landratsamt entdeckt *(Ilsemarie von Scheven)*.

Ein Franziskanerkloster der sogenannten Observanten begründete 1455 Graf Gerhard von der Mark (1425–1461) wohl auf Zureden seines Ratgebers, des Mönches Johann von Dahlen, der diese strengere Richtung des Ordens vertrat. Im Streit mit seinem älteren Bruder, Adolf IV., der seit 1394 als Graf, seit 1417 als Herzog in Kleve residierte, hatte Gerhard die Herrschaft in der Mark für sich durchsetzen können; er war der letzte in Hamm residierende Landesherr. Man sagt, er habe mit seiner Stiftung manche Grausamkeit bei der Austragung des Bruderzwistes sühnen wollen. Der junge Franziskaner-Konvent erhielt die der Hl. Agnes geweihte Kapelle der im Nordosten der Stadt liegenden landesherrlichen Burg zu seiner Verfügung und der Stifter kaufte noch benachbarte Grundstücke wie den Recke- und den Volmarsteiner Hof hinzu. Mit Zustimmung von Papst Nicolaus V. konnten bereits am 20. 3. 1455 die ersten Klosterbrüder eingeführt werden. Ihren Guardian Cornelius erhielten sie aus dem Observantenkloster Gouda, dem ersten seiner Art in der kölnischen Ordensprovinz. Die Hammer Konventsgründung der Reformbewegung war die erste in Westfalen, der bald weitere folgten. Um seiner Klostergründung eine dauerhafte Existenz zu sichern und Fehlentwicklungen zu vermeiden, gab ihr Graf Gerhard strenge Auflagen mit auf den Weg. So sollten außer dem Guardian nicht mehr als 12 Priester mit den notwendigen Laienbrüdern dauernd Aufnahme finden; ein Kölner Kartäuserprior hatte die genaue Beachtung aller Ordensregeln zu überwachen, regelwidrig handelnde Brüder zu vertreiben und statt ihrer neue, auf die Ordensreform verpflichtete zu berufen. Zwar hatte der Stifter noch kurz vor seinem Tode die strengen Bedingungen etwas abgemildert, aber im Ganzen haben gerade sie wohl dazu beigetragen, das Kloster zu erhalten. Seine Bibliothek und die von den Brüdern betriebene Schule erfreuten sich eines guten Rufes. Nach 1638 übten die Hammer Franziskaner in der gesamten, weitgehend protestantisch gewordenen Grafschaft Mark die Pfarrseelsorge für die Katholiken aus.

1507 hatte der junge Konvent mit dem Bau einer großen Klosterkirche begonnen, nachdem durch großzügige Zustiftungen des Landesherrn und der Stadt die erforderlichen Mittel bereitgestellt werden konnten. Der Chor wurde 1511, die Westfassade 1512 fertig gestellt, so dass die neue Klosterkirche der Franziskaner am 21. 5. 1515 der Hl. Agnes geweiht werden konnte. Hierhin überführten die frommen Brüder dann alsbald den Leichnam ihres bereits 1461 in Schwerte verstorbenen und vorläufig in der Burgkapelle beigesetzten Gründers, des Grafen Gerhard von der Mark, und widmeten ihm in ihrer neuen Kirche eine aufwändige Grablege.

Als turmlose Hallenkirche mit einem in fünf Seiten eines Achtecks geschlossenen Langchor entspricht sie dem von den Bettelorden bevorzugten Typ der Predigtkirchen. Wilhelm Lübke, dem die erste Kunstgeschichte Westfalens zu verdanken ist, beschreibt sie als Kirche von außerordentlicher Länge bei sehr geringer Breite, was umso mehr auffällt, als sie nur ein schmales südliches Seitenschiff besitzt, das nicht halb so breit wie das Hauptschiff ist. Nach Auflösung des Klosters 1824 blieb die Kirche Pfarrkirche der katholischen Gemeinde, deren erster Pfarrer der letzte Guardian Pius Ortmeier wurde. Die Klostergebäude gingen in den Besitz des Staates über, der sie als Gefängnis nutzte. Erst 1930 konnten sie von der katholischen Kirchengemeinde erworben werden. Schon 1889/90 war der südliche Flügel des Kreuzganges nördlich der Kirche in den Kirchenraum einbezogen worden, indem man die örtlichen Außenmauern öffnete, so

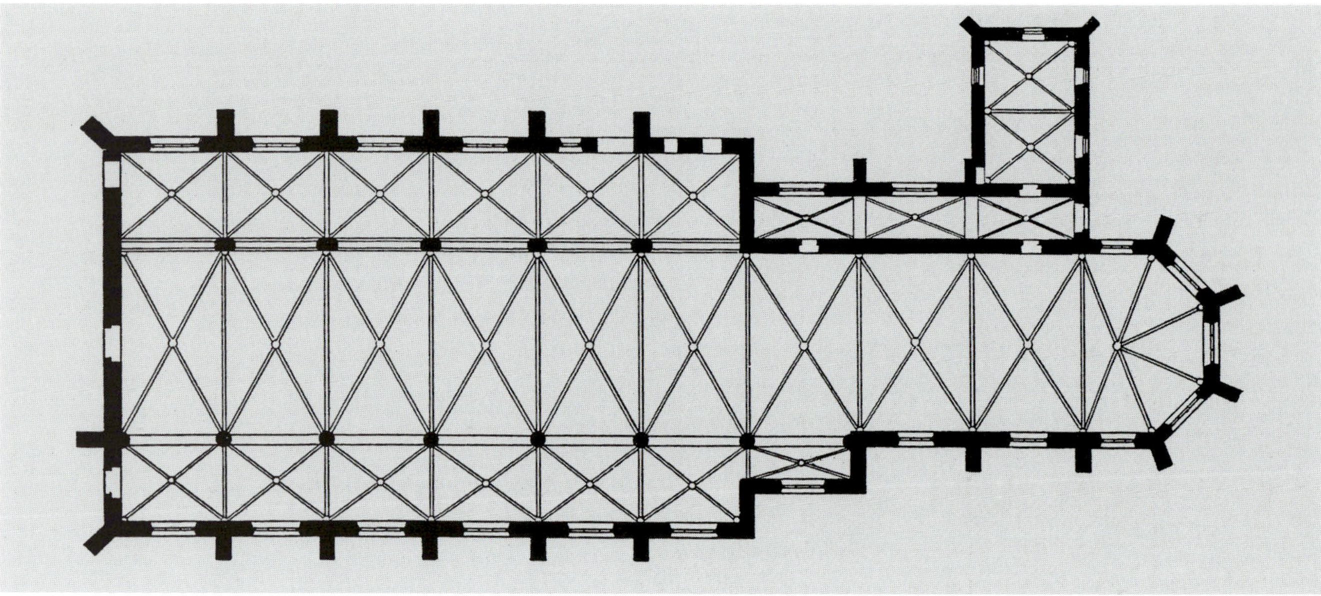

dass sich das Innere dem Besucher als breit gelagerte Halle mit leicht überhöhtem Mittelschiffgewölbe dargeboten hat. Nichts von alldem ist heute geblieben, der Bombenhagel des Zweiten Weltkrieges ließ kaum noch die Außenmauern im östlichen Bereich stehen.

Die Wiedererrichtung der Agneskirche in den Jahren 1947 bis 1953 kam einem Neubau gleich. 1977 bis 1978 wurde der Bau insgesamt restauriert und der jetzige Hauptaltar durch den Paderborner Weihbischof Dr. Friedrich Maria Rintelen, einem Sohn der Hammer

Hamm: St. Agnes, Blick in Langhaus und Chor

Gemeinde, geweiht. Während die lichte Halle noch annähernd die Gestalt der alten Ordenskirche vom Ende des vorigen Jahrhunderts ahnen lässt, ist die Eingangssituation durch einen breiten Westriegel mit Taufkapelle völlig neu entstanden. An diese zweischiffige Vorhalle von 1951 schließen sich nach Osten hin fünf Mittelschiffjoche an, deren Gewölbe auf modernen Rundpfeilern ruht. Ihr Licht erhält diese weite Halle durch große Fensteröffnungen in der Südwand, wie sie ähnlich wohl schon in der Barockzeit entstanden waren. Das alles stammt aus der Zeit nach dem Zweiten Weltkrieg, nur die Ostteile und der Chor enthalten noch alte Bausubstanz, zum Teil bis in das Maßwerk der Fenster hinein.

Hamm: St. Agnes, Fenster mit Hl. Georg

Auch von der reichen, alten Ausstattung ist kaum noch etwas erhalten. Die an die Burgkapelle erinnernde Patronin der Kirche, die Hl. Agnes, ziert über den Portalen den neuen Westgiebel. Sie ist ein Werk des Bildhauers Hubert Hartmann aus Wiedenbrück von 1952. Die Bronzeverkleidung der Hauptportale stammt von dem Bildhauer Wilhelm Hausmann aus Menden und berichtet aus dem Leben des Hl. Franziskus: Wie er den Tieren predigt (links) und von seinem Wirken als Ordensgründer (rechts). Moderne Fenster im Chorschluss stellen Christus als Erlöser zwischen Maria und Johannes dar (Deesis), umgeben von den 12 Aposteln in den Fenstern rechts und links. Zusammen mit den ornamental gestalteten Fenstern sind sie Werke des Künstlers Hubert Spierling aus Menden-Bösperde. Das Fenster rechts im Chor, von der Pfarrjugend gestiftet, zeigt den Kampf des Hl. Georg mit dem Drachen.

Der Zelebrationsaltar aus Sandstein ist ein Werk der Gebrüder Michael und Christoph Winkelmann aus Günne/Westfalen. Er birgt ein Reliquiar aus der Zeit um 1600 mit Überresten des Hl. Ansgar und der Hl. Agnes; ein bescheidenes, aber kostbares Erinnerungsstück in der Tradition großer Reliquienschreine, wie sie in Lippborg und Rhynern noch erhalten sind. Das schmale Strebewerk mit eingestellten vollplastischen Heiligenfigürchen betont die Ecken des in Hausform gestalteten Kastens. Die Außenseiten sind mit gravierten Darstellungen verziert: auf den Seiten die vier Evangelisten mit ihren Symbolen; in den Giebelfeldern die Apostelfürsten Petrus und Paulus; auf den Dachflächen die Kreuzigung mit Maria und Johannes sowie die Kreuzverehrung.

Hamm: St. Agnes, Reliquienschrein

Am südlichen Rundpfeiler hat eine moderne Tabernakel-Stele Platz gefunden, ebenfalls ein Werk der Gebrüder Winkelmann, die an die großen frei stehenden spätgotischen Tabernakel erinnert, wie sie in mancher Kirche unseres Landes zu finden sind. Die dreifigurige Kreuzigungsgruppe im Scheitel der Apsis, die am 14. 9. 1981 geweiht wurde, knüpft an die Gestaltung des ehemaligen, barocken, im Krieg zerstörten Hochaltars an. Aus dem Jahr 1985 stammt die große Madonna im Rosenkranz, die nach einer Arbeit Tilman Riemenschneiders im Würzburger Diözesanmuseum gefertigt wurde. Entlang den Seitenschiffwänden zieht sich ein qualitätvoller neugotischer Kreuzweg, der aus der Pfarrkirche St. Kunibert in Büderich bei Werl stammt und ein Werk aus der sogenannten Wiedenbrücker Schule um 1870 ist. Die Holzbildwerke an den Stirnwänden der Seitenschiffe, Maria und Josef, sowie Judas Thaddäus an der Westwand stammen von Hubert Hartmann aus dem Jahr 1952.

Von den zahlreichen, 1936 von Heinrich Ossenberg in den Bau- und Kunstdenkmälern der Stadt Hamm abgebildeten Grabplatten sind nur noch drei erhalten, die einst Gräber im Kreuzgang abdeckten. Eine große Platte aus Baumberger Sandstein erinnert an den 1573 verstorbenen Herrn zu Lohaus und Stockum, Drosten zu Hamm, herzoglich-klevischen Geheimrat und Kriegsobristen des Westfälischen Kreises.
Weitere für ihre Zeit typische Grabplatten sind zum einen seinem Sohn Victor Knipping, gestorben 1607, zum anderen der Katharina Harmen, gestorben 1580, gewidmet. Zerschmolzen in der Feuersbrunst des Jahres 1944 sind leider die 12 gravierten Messingplatten, eine niederländische Arbeit, die den Klostergründer in einer Prunkrüstung mit gefalteten Händen auf reich ornamentiertem Grund darstellten. Früher im Mittelgang verlegt, 1836 auf Anordnung von König Friedrich Wilhelm IV. von dort entfernt, waren sie 1882 an der Nordwand des Chores aufgerichtet worden. Ebenso im Bombenhagel des Zweiten Weltkrieges untergegangen ist auch die nördlich des Chores gelegene ehemalige Sakristei, ein zweijochiger, mit Kreuzrippengewölben versehener Raum. Heinrich Ossenberg hatte darin die 1521 geweihte Bethlehems-Kapelle erkannt und auf Grund vergleichbarer Stilelemente in Schlusssteinen und Fenstermaßwerk auf Reste der ehemaligen Burgkapelle geschlossen.

Vom Kirchenschatz, der sicher einst umfangreicher gewesen sein dürfte, ist eine große Sonnenmonstranz erhalten geblieben, die um 1725 in der Augsburger Werkstatt des Franz Thaddäus Lang entstanden ist. Das Ziborium, das laut Inschrift um 1715 ein Frater Antonius Darfeldt gestiftet hat, trägt das Zeichen des Münsteraner Meisters Johann tom Hulse III., der von 1676 bis 1723 lebte *(Herbert Zink, Kat. GLM 1969 Nr. 32 u. 33)*. Zum Kirchenschatz gehören ferner einige Paramente aus dem ehemaligen Kloster: ein roter Chormantel aus der Mitte des 18. Jh. mit den dazugehörenden Dalmatiken (Obergewand eines Diakons) sowie zwei rosafarbene Messgewänder. Auch die historische Orgel mit barockem Prospekt wurde ein Opfer des Krieges. 1974 ist die neue Orgel der Firma Klais aus Bonn mit 48 klingenden Registern, verteilt auf Manuale und Pedale, eingeweiht worden.

Hamm: St. Agnes, Grabplatte des Victor Knipping von 1573

Mag die bauliche Substanz der Agneskirche heute weitgehend dem Wiederaufbau nach dem Zweiten Weltkrieg zu verdanken sein, so vermittelt ihr Äußeres immer noch den Eindruck einer spätmittelalterlichen Kirche. Das wird nicht nur deutlich beim Blick von Osten auf den Chor mit dem darüber sichtbaren, seinem barocken Vorgänger verpflichteten Dachreiter, sondern auch durch die das lange Kirchenschiff andeutenden Strebepfeiler an der Südseite. St. Agnes ist damit ein bemerkenswertes Denkmal für das Geschlecht der Stadtgründer und ihren Burgsitz, an den im Übrigen jede topografisch auszumachende Erinnerung vor Ort verschwunden ist.

Hamm: St. Agnes, Madonna im Rosenkranz, 1985

Glocken
St. Agnes

Über den Glockenbestand aus der Zeit vor der Säkularisation ist nichts bekannt. Vorhanden waren zwei Glocken, die bei der Aufhebung des Klosters im Zuge der Säkularisation veräußert wurden.

Später waren vier kleine Glocken vorhanden, von denen drei im Jahre 1871 oder 1877 umgegossen wurden und im Ersten Weltkrieg mindestens teilweise der Beschlagnahme anheim fielen. Die 1921 neu angeschafften Glocken ließen das Geläute nur noch dreistimmig erklingen. Bei der Glockenenteignung 1942 wurden eine kleine Glocke von 1877 und eine von 1921 eingezogen. Die dritte Glocke verblieb im Turm und wurde mit der Kirche 1944 zerstört.

Der nach dem Krieg höher als sein Vorgänger wieder aufgebaute Dachreiter erhielt 1953 zwei Gussstahlglocken vom Bochumer Verein (**I/II**). Ihre Resonanzfähigkeit ist mäßig; beide Glocken sind durch Tonkorrekturen oben so dünn, dass die größere bereits durchgerostet ist.

Heutiger Bestand:

I	1953 BVG	Ton h'-5	Ø 870 mm	247 kg
II	1953 BVG	Ton d''-5	Ø 745 mm	167 kg

Kapelle St. Maria Magdalena des Nordenhospitals

Die Glocke der 1661 errichteten und nach Aufhebung des Norden-Stiftes 1808 abgebrochenen Hospitalkapelle gelangte in die St.-Georgs-Kapelle zu Ameke (Pfarrei Walstedde), wo sie sich noch heute befindet. Sie wurde 1678 gegossen, auf Grund ihrer äußeren Gestaltung zweifelsfrei von Gottfried de la Paix, der im gleichen Jahr die kleinste Glocke von St. Pankratius zu Hövel lieferte; wahrscheinlich sind beide Glocken in einem Guss entstanden. Die, anders als ihr Gegenstück in Hövel, sehr schön und sauber gegossene Glocke wiegt etwa 80 kg, hat einen Durchmesser von 513 mm. Sie erklingt im Schlagton fis“ -5.

Katholische Kapelle Christ-König im Marien-Hospital

Im Turmaufsatz der Kapelle sind, über den Krieg hinweg, zwei Glocken von 1929 (**I**) und 1898 (**II**) erhalten geblieben. Die letztgenannte kleinere ist ein schönes Gusswerk der Fa. Petit & Edelbrock in Gescher. Sie entstand zu einer Zeit, als diese Gießerei die Glockenzier in enger Anlehnung an die spätgotischen Glocken des berühmten niederländischen Meisters Gerdt van Wou entwarf und mit dieser historisierenden Stilrichtung zu durchaus überzeugenden Ergebnissen gelangte.

Heutiger Bestand:

I	1929 Petit & Gebr. Edelbrock	Ton fis“+8	Ø 520 mm	~ 80 kg
II	1898 Petit & Gebr. Edelbrock	Ton a“+9	Ø 430 mm	~ 48 kg

Hamm: Evangelische Lutherkirche

Die Errichtung der „Kleinen Evangelischen Kirche" – den Namen des Reformators trägt sie erst seit 1912 – ist durch die besondere religiöse Situation in der Stadt nach dem Dreißigjährigen Krieg bedingt. Nach der Vertreibung des letzten lutherischen Predigers im Jahre 1600 waren alle drei Predigerstellen an der „Großen Kirche", der späteren Pauluskirche, in der Hand der Reformierten. Die wenigen verbliebenen Anhänger der lutherischen Lehre hielten sich fortan zu ihren Glaubensgenossen in Mark. Verstärkung erhielten sie jedoch mit der brandenburgischen Garnison, die sich mit der Beendigung des Religionskrieges endgültig in der Stadt etablierte. Anfang des Jahres 1650 erbaten lutherische Bürger aus Hamm von Kurfürst Friedrich Wilhelm, der auf der Sparrenburg bei Bielefeld weilte, die Erlaubnis zu freier Religionsausübung in der reformierten Stadt. Der (reformierte!) Landesherr gestattete ihnen daraufhin, an einem selbst gewählten Ort Gottesdienst zu halten. Gegen die Versuche, diesen im Hause eines Bürgers oder des lutherischen Kommandanten stattfinden zu lassen, erhob der reformierte Hammer Rat jedoch energisch Einspruch. Doch die Regierung in Kleve erneuerte das kurfürstliche Patent und der Landesherr selbst bestätigte noch einmal das Recht auf freie Religionsausübung. Aber es bedurfte erst der Beseitigung der noch aus dem Mittelalter stammenden Stadtverfassung durch die Verwaltungsreform des Soldatenkönigs Friedrich Wilhelm I. von 1713/14, um den Lutheranern Zugang zum Stadtrat zu verschaffen. Denn nun konnte ein Beschluss gefasst werden, der ihren Glaubensgenossen ein Gotteshaus in der Stadt gönnte. Für die durch Offiziere und Soldaten der Garnison sowie landesherrliche Beamte stark an Zahl gewachsene Gemeinde reichte das Privathaus als Ort ihres Gottesdienstes längst nicht mehr aus. Eine Kollekte, für die der Prediger Gottfried Davidis in die Kurmark, nach Magdeburg, Halberstadt und Minden geschickt worden war, erbrachte noch nicht die von der jungen Gemeinde erhoffte Summe in Höhe der Baukosten. Deshalb wurde eine weitere Sammlung im ganzen Königreich erlaubt und endlich, am 10. 6. 1734, konnte der „weiland Hochgeborene Freyherr von Waldow, Sr. Kön. Maj. in Preußen Obrister und Commendant eines Regiments zu Fuß" den Grundstein zum Kirchenbau legen, wie es in alten Berichten heißt. Als die Mittel noch vor der Errichtung des Turmes erschöpft waren, stiftete der Landesherr anlässlich seiner Anwesenheit in Hamm 3.000 Taler. Am ersten Sonntag nach Trinitatis 1739 konnte der jetzt „Kleine Kirche" genannte Bau feierlich eingeweiht werden.

Glücklichen Umständen verdanken wir die Kenntnis vom Baumeister. 1911 fand man bei Wiederherstellungsarbeiten im Turmknauf eine Bau-Urkunde, in der Johann Michel Moser aus Unna als Architekt und Kirchen-Maurer-Meister Caspar Nolle aus Lüdenscheid als Zimmermeister und Christoph Dörendahl aus Hamm als Schreiner genannt wurden. Leider ist diese Urkunde im letzten Weltkrieg vernichtet worden. Johann Michael Moser kam aus dem Elsaß, wohnte mit seiner Familie in Unna und galt als oberster Baumeister in der Grafschaft Mark, wenngleich wohl ohne feste staatliche Anstellung. Ihm wird auch die Evangelische Kirche in Solingen zugeschrieben *(Thomas Spohn)*. In Hamm dürfte er als Entwurfsverfasser wie als Bauleiter – möglicherweise auch des Hauses Vorschulze – tätig gewesen sein. Von Christoph Dörendahl stammten auch die Kanzelaltäre in Rhynern und Berge.

Für einen Bau der ersten Hälfte des 18. Jh. hält sich die Anlage ungewöhnlich streng an das aus dem Mittelalter überkommene Schema: Eine dreischiffige Halle mit vier Jochen, an die sich im Osten ein polygonaler Chor (fünf Seiten eines Achtecks) anschließt, während im Westen ein Turm auf quadratischem Grundriss vorgelagert ist, durch dessen Erdgeschoss der Haupteingang in die Kirche führt. Dieser Turm ist durch Gesimse in drei Geschosse geteilt, deren Wände durch kräftige Pilaster gerahmt werden. Gekrönt wird er von einem zierlichen, zweigeschossigen Barockhelm – verwandt der nach dem großen Stadtbrand von 1741 dem Turm der Pauluskirche aufgesetzten Haube, die im Zweiten Weltkrieg vernichtet wurde. Langhaus und Seitenschiffe deckt ein hohes Dach, an dessen First die Dachpyramide über dem Chor ansetzt. Sandsteinsockel und Pilaster an den Ecken fassen die Wandflächen des auf rechteckigem Grundriss errichteten

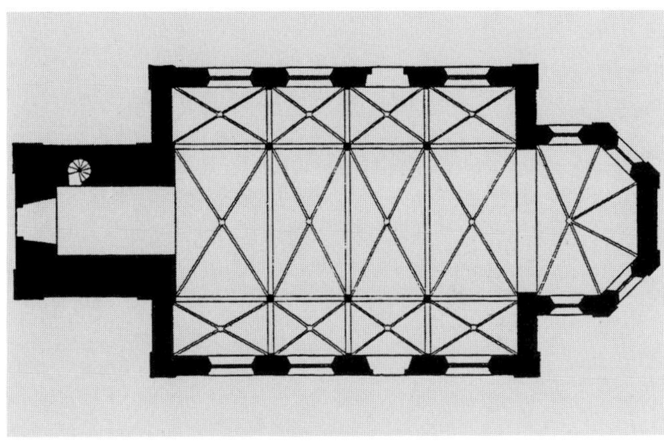

Hauptgebäudes ein – bis zur umfassenden Renovierung von 1912 war das Ziegelmauerwerk der Wandflächen sichtbar. Vier hohe schmale „gotisierende“ Fenster, deren Maßwerk ihr Vorbild in den Chorfenstern der Pauluskirche hat, unterteilen die Längswände des Langhauses. Das schlichte Innere der Kirche wird von einem hölzernen Kreuzrippengewölbe gedeckt, das ebenso wie die hölzernen Pfeiler verputzt ist. An den Wänden setzen die Gewölbe auf einfachen Pilastern mit schlichten Kapitellen auf.

Hamm: Ev. Lutherkirche, Blick in den Chor

Eine umfassende, stark dem Stil der Zeit verpflichtete Renovierung im Jahre 1912 war Anlass zur Neubenennung beider evangelischer Kirchen. Dabei sind an der dem Turm zugekehrten Wand und in den Seitenschiffen Emporen mit Brüstungen vor den Säulen eingebaut worden, was den Raumeindruck beeinträchtigt. Der untere Bereich des Chores ist durch eine Holzwand abgetrennt, aus deren Mitte erhöht die Kanzel heraustritt. In Verbindung mit dem unter ihr angeordneten einfachen Altar und der hölzernen Trennwand sind das die einzigen Ausstattungsstücke des sonst schlichten Innenraumes. Der mächtige Schalldeckel über der Kanzel, der sich mit den vier Voluten wie eine Krone zu einer Weltkugel mit Kreuz formt, mag an die einst enge Verbindung von Thron und Altar erinnern. Jedenfalls müssen die Franzosen das ähnlich empfunden haben, zumal bei ihrem Einzug in die Stadt im Oktober 1806 noch ein schwarzer Adler zu diesem Ensemble gehörte – auch wenn das vielleicht eher eine Taube des Hl. Geistes gewesen sein dürfte, die nach barocker Vorstellung den Prediger an dieser Stelle zu inspirieren hatte. Wie Hermann Eickhoff berichtet, sollen die siegreichen Besatzer das vermeintlich „brandenburg-preußische Wappentier“ entfernt haben. Von vaterlandstreuen Bürgern jedoch gerettet, wurde es nach Abzug der fremden Truppen unter Orgelklang und Chorgesang wieder an seinen alten Platz gesetzt. Doch ist dieser nicht mehr auszumachen, da der Vogel, möglicherweise bei der großen Restaurierung Anfang des 20. Jh. als unpassend empfunden, verschwunden ist. Während der Freiheitskriege gegen Napoleon hatte die Kirche ebenso wie zuvor im Siebenjährigen Krieg als Magazin dienen müssen *(Hermann Eickhoff, Persönlichkeiten).*

Im Zweiten Weltkrieg trug auch die Lutherkirche schwere Beschädigungen davon. Das Dach war abgebrannt, der Giebel eingestürzt und der Turm mehrfach durchschossen. Im Inneren hatten die Gewölbe schwere Schäden genommen, die Stützen waren zum Teil gerissen und die Fenster völlig vernichtet. Die gesamten Kirchenbänke wurden vor dem Kampf um Hamm Ostern 1945 befehlsgemäß von Hitlerjungen herausgeschleppt und aus ihnen eine Panzersperre in Höhe des Geschäftshauses Bockholt in der Martin-Luther-Straße errichtet. Doch konnten alle Schäden alsbald nach Kriegsende beseitigt werden, ohne die charakteristische Eigenart des Bauwerkes zu beeinträchtigen. Am 31. 10. 1948 konnte der erste Gottesdienst in der Kirche wieder abgehalten werden. Die neue Orgel im Chor mit neun Registern ist 1981 von der Firma Klais aus Bonn aufgestellt worden. Teile eines älteren Orgelgehäuses stehen noch auf der Empore. Säulen und Putten könnten noch von der 1817 aus Soest übernommenen Lettner-Orgel aus St. Patrocli stammen, die dort 1660 angebaut und erst 1937 in Hamm beseitigt wurde *(Rudolf Reuter, Orgeln 1965 und Hannalore Reuter).* Erhalten blieb ungeachtet der aufwändigen Restaurierung vor dem Ersten Weltkrieg – damals erhielten auch die Portale ihre Einfassung im Neubarock des Jugendstils – eine schlichte Predigtkirche, die sich an das überkommene Raumbild der mittelalterlichen Hallenkirche hält.

Glocken

Die 1734/39 errichtete Kirche erhielt 1740 und 1749 je eine Glocke, gegossen von Johann bzw. Fridericus Schweys zu Münster. Beide wurden im Ersten Weltkrieg vernichtet. Nach dem Krieg erhielt die Kirche die dritte, 1780 gegossene Glocke der Pauluskirche (**I**). Zu ihr trat 1924 eine von der Gemeinde Witten-Bommern angekaufte Glocke. Sie war die letzte eines im Jahre 1893 von der Wittener Firma Carl Munte für die dortige Kirche gelieferten Geläutes. Leider fiel sie dem Zweiten Weltkrieg zum Opfer. Nach dem Krieg wurde sie durch eine neue Glocke (**II**) ersetzt, die aus den Trümmern der 1944 im brennenden Paulus-Kirchturm abgestürzten Glocke gegossen wurde.

Heutiger Bestand:

I	1780 H. Spicker	Ton e'+6	Ø 1110 mm ~ 850 kg
II	1948 Petit & Gebr. Edelbrock	Ton g'	Ø 990 mm ~ 600 kg

Heessen: Turm der ehem. Pfarrkirche St. Stephanus, rechts die neue Kirche (Westfälisches Amt für Denkmalpflege)

Heessen: ehemalige Kapellen im Schloss, auf Haus Oberwerries und ehemalige Katholische Pfarrkirche St. Stephanus

Im Jahre 975 wird „Hesnon" (= Buschwald) erstmals urkundlich als Erbgut des Bischofs Ludolf von Osnabrück erwähnt. Als befestigter, mit zwei Türmen bewehrter Oberhof gelangte der Besitz im 12. Jh. an die Grafen von Altena-Isenberg und ragte damit – wie die weiter westlich gegenüber von Nienbrügge angelegte Burg – als Speerspitze in das Bistum Münster. Dieser Oberhof gehörte, auch nach der Ermordung des Erzbischofs Engelbert 1225 und der Vertreibung der Isenberger von allen Besitzungen an der Lippe, dem nunmehr nach Hohenlimburg benannten, überlebenden Zweig des Geschlechts; aber eine weitere Expansion nach Norden kam nicht mehr infrage.
Von Ministerialen verwaltet, gelangte Heessen Mitte des 13. Jh. an die Herren von Rinkerode und Anfang des 14. Jh. an die von Volmarstein. Sie bauten in der zweiten Hälfte des Jahrhunderts weiter östlich an der auf die Burg Mark zuführenden Straße von Münster nach Soest, am Übergang der Lippe, eine Wasserburg. Die letzte Erbtochter der Volmarsteiner brachte diese Burg 1429 in die Adelsfamilie von der Recke ein, von der sie 1778 an die Freiherren von Boeselager überging. Sie bauten 1782 ein neues Wasserschloss, das 1905 im Stil der Neu-Renaissance gründlich erneuert und umgebaut wurde. Dabei richtete man im Turm auch eine neue Kapelle ein als Ersatz für eine frühere, an anderer Stelle des Schlosses gelegene, die 1810 beseitigt worden war.

Auch zum weiter aufwärts der Lippe gelegenen Schloss Oberwerries, dessen Herrenhaus Ambrosius von Oelde für Ida Maria von Beverförde-Werries, geb. Plettenberg, 1685 bis 1692 errichtet hatte, gehörte eine Kapelle. Sie befand sich auf der Vorburg im Torhaus, bezeichnet mit der Jahreszahl 1667. Sie ist heute verschwunden, nur die Glocke ist erhalten.

Untergegangen ist auch die alte romanische Pfarrkirche St. Stephanus in Heessen, deren Ursprünge in das 10. Jh. datiert werden. Ohnehin für die gewachsene Zahl der Gemeindemitglieder nicht mehr ausreichend, wurde der aus dem Anfang des 14. Jh. stammende Hallenbau 1863 bis auf den Turm wegen Baufälligkeit abgebrochen. Er sollte als Glockenturm erhalten bleiben, wurde jedoch im September 1915 durch Blitzschlag schwer beschädigt, brannte aus und wurde dann beseitigt.
Der Münsteraner Dombaumeister Hilger Hertel der Ältere errichtete 1873 bis 1876 einen stattlichen Kirchenneubau. Erst 1929 bis 1937 erhielt dieser nach den Plänen des Dombaumeisters Wilhelm Sunder-Plassmann (1866–1950) die die Westfassade beherrschenden zwei Türme.
Vom Bombenhagel des Zweiten Weltkrieges weitgehend zerstört, verdankt die Pfarrkirche St. Stephanus ihre jetzige Gestalt dem Wiederaufbau unter Leitung des Architekten Josef Westermeier aus Hamm in den Jahren 1947 bis 1949 und einer umfassenden Renovierung des Inneren in den siebziger Jahren. 1962 erhielt die Kirche eine neue Orgel mit 36 Registern der Firma Breil aus Dorsten. Als Rarität besitzt die Kirche zwei Kelche, die auf abenteuerliche Weise Anfang des Jahrhunderts aus einem zur Reparatur gegebenen, spätgotischen Kelch entstanden sind, den wahrscheinlich ein Angehöriger des Hauses von der Recke aus Livland nach Hamm mitgebracht hatte *(Herbert Zink)*.

Mit wachsender Zahl der Bevölkerung sind im ganzen Stadtgebiet weitere Kirchenbauten entstanden, die hier exemplarisch für den Bereich Heessen aufgeführt sind. So wurde 1923 das Pfarr-Rektorat St. Joseph gegründet, das 1927/28 an der Mansfelder Straße eine Kirche nach dem Entwurf des Architekten Wibbe aus Hamm erhielt.
1963/64 wurde nach dem Entwurf der Eheleute Kleffner aus Münster der Kirchenbau St. Theresia an der Theresienstraße errichtet.
Als letztes katholisches Gotteshaus wurde Am Kappenbusch nach Plänen von Prof. Peter Kulka aus Köln die Marienkirche geschaffen, die ihre besondere Note durch eine Sammlung vieler Steine von berühmten Gebäuden aus aller Welt erhielt (Kirchweihe am 13. 12. 1986).
Zum Pfarrverband Heessen im Bereich des Bistums Münster, nördlich der Lippe, gehören ferner die 1891 gegründete Herz-Jesu-Gemeinde mit ihrer nach 1945 von dem Architekten Josef Westermeier neu erbauten und 1967 geweihten Kirche am Karlsplatz und die 1964 nach Plänen des Architekten Kreuzheck aus Münster geweihte Kirche Maria Königin an der Sorauer Straße.

Heessen: Haus Oberwerries, Glocke aus dem 13. Jh.

Glocken

Haus Oberwerries

Eine besonders alte Glocke hat sich im Dachreiter auf dem Torhaus von Oberwerries erhalten: eine schöne, zuckerhutförmige Glocke aus dem 13. Jh. (Ø 430 mm). Wie die vielleicht etwas ältere Glocke der Annenkapelle (s. Heessen: St.-Annen-Kapelle) ist sie inschriftlos und trägt lediglich einen gliedernden Rundsteg am Wolm. Von den für die Glocken dieser Zeit typischen runden Kronenhenkeln ist einer abgebrochen. Musikalische Daten waren leider nicht zu ermitteln, da der Dachreiter unzugänglich ist und die Glocke selbst mithilfe einer Feuerwehrleiter nur sehr schwer zu erreichen war.

Katholische Pfarrkirche St. Stephanus

Im Turm der alten Pfarrkirche hingen vier Glocken, gegossen 1513 von dem Münsteraner Wolter Westerhues, 1516 und 1553 (beide unsigniert) und 1613 von Herman Kellersmann aus Wiedenbrück. Im Jahre 1867 wurde die zweite Glocke von 1516 umgegossen. Bei einem durch Blitzschlag ausgelösten Turmbrand im Jahre 1915 gingen alle vier Glocken zu Grunde.
Erst mit Fertigstellung der heutigen Türme wurde im Jahre 1937 ein neues Geläute angeschafft, gegossen von der Fa. Otto in Bremen-Hemelingen. Davon verblieb im Zweiten Weltkrieg nur die kleinste (**IV**).

1951 wurden drei Gussstahlglocken vom Bochumer Verein bezogen (**I/II/III**). Sie wurden auf die Türme gebracht, obwohl sie nicht korrekt auf die verbliebene Glocke von 1937 abgestimmt sind, so dass das vierstimmige Plenum leider sehr verzogen klingt.

Heutiger Bestand:

I	1951 BVG	Ton cis'-6-	Ø 1510 mm ~	1350 kg
II	1951 BVG	Ton e'-6	Ø 1354 mm ~	950 kg
III	1951 BVG	Ton fis'-5	Ø 1182 mm ~	620 kg
IV	1937 F. Otto	Ton a'+3	Ø 970 mm ~	560 kg

Hövel: St. Pankratius, Aufnahme von 1891 (Westfälisches Amt für Denkmalpflege)

Hövel: ehemalige Katholische Pfarrkirche St. Pankratius und Kapelle SS. Maria und Bartholomaeus auf Haus Ermelinghof

Die Industrieansiedlung nördlich der Lippe ließ in der zweiten Hälfte des 19. Jh. die Bevölkerung schnell wachsen, so dass die aus dem Mittelalter überkommenen Pfarrkirchen in Heessen, Hövel und Bockum den seelsorgerischen Bedürfnissen bald nicht mehr genügten. Größere und aufwändigere Kirchenbauten sollten zudem Glaubenstreue und Standhaftigkeit der Katholiken im sogenannten Kirchenkampf gegen den modernen Staat bezeugen. So mussten bereits um die Mitte des 19. Jh. die romanische Stephanus-Kirche in Heessen, später die gotische Pankratius-Kirche in Hövel und noch im ersten Jahrzehnt des 20. Jh. die Stephanus-Kirche in Bockum den Neubauten Platz machen.

Das Gebiet um die Burg Hövel gelangte im 11. Jh. von den Grafen von Werl an die Grafen von Berg und von diesen an die Grafen von Altena-Isenberg, die sich dann aber auf Dauer nicht in diesem Teil des Dreingaues halten konnten. Um 1030 soll Graf Bernhard von Hövel schon eine dem Hl. Pankratius geweihte Eigenkirche errichtet haben. Pankratius war, wie bei der Kirche in Mark schon aufgezeigt, Patron des märkischen Geschlechts. 1193 und 1217 wird eine Pfarre in Hövel erwähnt, zu der die Bauerschaften Hölter und Geinegge und auch Ermelinghof gehörten.

Die bis in den Ausgang des vorigen Jahrhunderts erhaltene Pankratius-Kirche ging mit ihrem Turm auf das 12. Jh. zurück. Dieser Turm entsprach dem von Herringen bis Uentrop bekannten Bautyp eines kräftigen romanischen Blocks auf quadratischem Grundriss. Daran schloss sich ein einschiffiges, flachgedecktes Langhaus an (Mitte 12. Jh.), dem im Osten ein spätgotischer Chor mit höherem Dach und geradem Abschluss vorgesetzt war *(Gabriele Isenberg)*. 1892 wurde die Kirche abgebrochen und durch einen neugotischen Bau ersetzt, der wiederum im Zweiten Weltkrieg erheblich beschädigt und ab 1954 nach Plänen des Architekten Eberhard Kleffner in ansprechenden Formen mit schönen Glasfenstern erneuert worden ist. Von der alten Ausstattung in der Kirche erhalten ist ein Kruzifix aus der zweiten Hälfte des 15. Jahrhunderts.

Aus der alten Zeit erhalten ist heutzutage im Raum Bockum-Hövel nur noch die zum adeligen Haus Ermelinghof gehörende Kapelle „Beatae Mariae Virginis et S. Bartholomaei“, die in der Zeit der sogenannten Gegenreformation entstanden ist.

Hövel: SS. Maria und Bartholomaeus auf Haus Ermelinghof

In den Niederungen nördlich des Ortes, ursprünglich auf zwei von der Geinegge umflossenen Inseln, zu denen eine dritte im Süden als Vorwerk gehörte, liegt die Wasserburg Ermelinghof. Sie wird bereits in Urkunden des 13. Jh. erwähnt. Nach Beseitigung der Binnengräfte befinden sich heute alle Gebäude auf einer gemeinsamen Insel. Neben dem mehrfach umgebauten, nach einem Brand 1875 erneuerten Herrenhaus steht auf der Nordseite des Hofes ein stattliches Speicher- und Brauhaus. Es ist ein großer zweistöckiger Ziegelbau mit Dreistaffelgiebeln und einem schmalen übergiebelten Vorbau, an dem sich eine schöne Wappentafel befindet. Entstanden ist dieses Anwesen mit großen Wirtschaftsgebäuden aus Fachwerk nach einem Brand im Jahre 1627. Ein großes Torhaus mit klassizistischem Portikus von 1831 lässt vermuten, dass der damalige Schlossherr zeitgenössischen Bildungsbestrebungen aufgeschlossen gegenübergestanden haben muss.

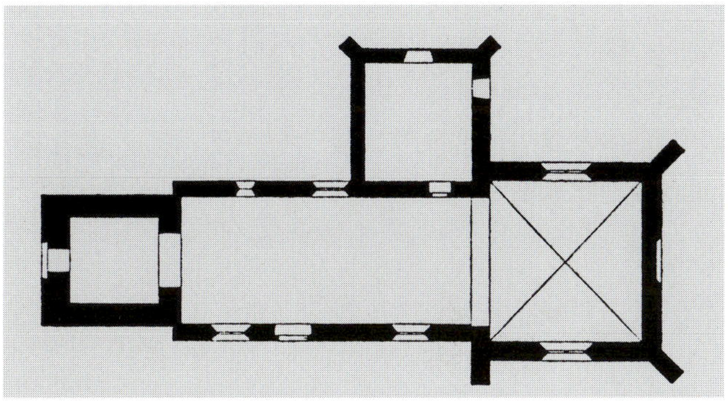

Hövel: SS. Maria und Bartholomaeus auf Haus Ermelinghof, Innenraum

An der Zufahrt, auf der ehemaligen Vorburg, steht die der Gottesmutter und St. Bartholomaeus geweihte katholische Kapelle: ein kleiner, lichter Saalbau. Hier könnte schon ihre Vorgängerin im Mittelalter gestanden haben. Der jetzige Bau geht auf die Bemühungen des Fürstbischofs Christoph Bernhard von Galen, des „Bommen Berend“, zurück, den hier residierenden Zweig der Familie wieder in den Schoß der alten Kirche zurückzuführen; ein Vorfahr war Mitte des 16. Jh. zum Protestantismus übergetreten. Christoph Bernhard stiftete 1687 zur Dotierung einer Hausvikarie 1.200 Taler, erhöhte diese Summe ein Jahr später testamentarisch auf 1.445 Taler und übertrug dem Besitzer des Hauses die Ausführung seines letzten Willens. Damit machte er die Kapelle für die Dauer funktionsfähig. Eine Weihe ist für 1680 überliefert. Wohl auf diesen Fürstbischof von Münster geht auch die Stiftung eines hochmittelalterlichen Altarkreuzes zurück, dem der Hammer Silberschmied Christian Hövel eine aufwändige Fassung gegeben hat *(Horst Appuhn)*.

Das große Altarbild in der Kapelle, eingepasst in einen zu späterer Zeit ergänzten barocken Rahmen, gibt mit den lebensgroßen Holzfiguren des Hl. Nepomuk und der Hl. Agathe dem Raum ein festliches, mehr dem späten 18. Jh. als der Erbauungszeit entsprechendes Gepräge.

Von den Steinfiguren beiderseits des Eingangs vor dem Gebäude ist nur noch die Hl. Katharina auf der linken Seite stehend zu erkennen.

Hövel: St. Pankratius, Glocke III von 1511

Hövel: St. Pankratius, Glocke IV von 1678

Glocken

St. Pankratius

Das Geläute der Kirche bestand früher aus drei Glocken sowie einer kleinen, außen am Turmdach hängenden Uhrglocke. Das Geläute wurde nach Abbruch der alten Kirche komplett in den Turm der neuen überführt.

Erhalten sind heute, außer der Uhrglocke, nur noch die beiden großen Läuteglocken. Die größere von 1511 (heute **III**) ist ein Werk von Wolter Westerhues und zeigt in besonders schönem Guss die für seine Glocken typischen spitzenartigen Ornamente. Die andere Glocke wurde 1678 (heute **IV**) von Gottfried de la Paix gegossen. Die kleine Glocke, 1768 von Christian Wilhelm und Rutgerus Voigt (Vater und Sohn) in Isselburg geschaffen, wurde im Ersten Weltkrieg vernichtet.

Mit dem Guss zweier neuer Glocken im Jahre 1925 erfuhr das Geläute eine erhebliche Vergrößerung. Nach Vernichtung dieser beiden Glocken im Zweiten Weltkrieg konnten erst 1963 zwei weitere Glocken (**I/II**) geschaffen werden.

Außer den beiden wertvollen alten Läuteglocken ist auch die früher außen am Turmdach der alten Kirche befindliche Uhrglocke erhalten geblieben. Sie wurde 1749 von Johann Schweys in Münster gegossen (Schlagton fis“ +5; Ø 493 mm). Nach dem Abbruch der Kirche gelangte sie auf den Hof Schulze-Ellberg und befindet sich jetzt als Dauerleihgabe im Westfälischen Glockenmuseum zu Gescher.

Heutiger Bestand:

I	1963 Petit & Gebr. Edelbrock	Ton cis´±0	Ø 1430 mm ~	1750 kg
II	1963 Petit & Gebr. Edelbrock	Ton e´±0	Ø 1220 mm ~	1250 kg
III	1511 Wolter Westerhues	Ton fis´+4	Ø 1020 mm ~	650 kg
IV	1678 Gottfried de la Paix	Ton gis´-6	Ø 910 mm ~	450 kg

Kapelle SS. Maria und Bartholomaeus

Die Besteigung des sonst unzugänglichen Dachreiters der Kapelle von Haus Ermelinghof mithilfe einer Drehleiter der Feuerwehr brachte insofern eine Überraschung, als sich dort eine schöne Glocke aus dem Jahre 1649 erhalten hat (Schlagton e“ +7; Ø 503 mm; Gewicht ~75 kg). Sie ist zwar nicht signiert, doch kann aus der, in exzellentem Guss sich darbietenden Gestaltung der lothringische Meister Johann Fremy als Gießer bestimmt werden. Er hat mit gleichen Dekorformen versehene Glocken mehrfach für Kirchen des Münsterlandes geliefert, darunter eine besonders schöne große Glocke für die ehemalige Stiftskirche zu Metelen.

Im Dachboden der Kapelle steht noch ein kleines schmiedeeisernes Turmuhrwerk, wohl aus der ersten Hälfte des 19. Jh., das seit langem stillgelegt ist.

Hövel: SS. Maria und Bartholomaeus auf Haus Ermelinghof

Bockum: St. Stephanus, Aufnahme von 1891 (Westfälisches Amt für Denkmalschutz)

Bockum: ehemalige Katholische Pfarrkirche St. Stephanus

1939 ist Hövel mit dem Nachbarort Bockum zur Gemeinde Bockum-Hövel vereinigt worden. 1956 zur Stadt erhoben, gehört diese seit dem 1.1.1975 zur neuen Großstadt Hamm. Der Name des Ortes Bockum dürfte von „Buokheim“ (= Buchenwald) abzuleiten sein. Ursprünglich eine Eigenkirche des Domkapitels zu Münster wird die Pfarre St. Stephanus bereits um 1090 erwähnt.

Erhalten hatte sich von der Kirche bis Anfang des 20. Jh. der romanische Turm, dem im 14. Jh. ein gotisches Langhaus hinzugefügt worden war. Es bestand aus zwei Schiffen mit je zwei Jochen, deren Gewölbe durch einen Pfeiler in der Mitte gestützt wurde. Daran schloss sich im Osten ein gerade geschlossener, spätgotischer Chor mit schräggestellten Strebepfeilern außen an. Dem ständigen Wunsch der Ende des vorigen Jahrhunderts über 1000 Seelen zählenden Gemeinde nach einem größeren Kirchenbau an alter Stelle hat sich die Denkmalpflege lange widersetzt. Einer Entscheidung sah man sich jedoch enthoben, als am 21. 3. 1904 Haupt- und Seitenschiff der Kirche – vielleicht nicht ganz ohne Nachhilfe – einstürzten. 1905 begann man mit dem Neubau einer großen neuromanischen Kirche nach Plänen des Berliner Architekten Jennen. In den Neubau übernommen wurde ein großer romanischer Taufstein mit Blendarkaden und Blattfries aus der Mitte des 13. Jh., eine Fortbildung vom Typ des älteren Taufsteins in der Pankratius-Kirche in Mark. Auch das spätgotische Sakramentshaus, das aus dem dritten Viertel des 15. Jh. stammt, hat seinen Platz im Neubau gefunden. Es hat 1983 eine von Tisa von der Schulenburg gestaltete Bronze-Tür bekommen, auf der die von Mose ausgeschickten Kundschafter und die Emmaus-Jünger mit dem auferstandenen Christus am Tisch dargestellt sind. Aus der alten Kirche stammen noch ein hölzernes Vesperbild aus dem ersten Viertel des 18. Jh. sowie eine lebensgroße Statue des Hl. Stephanus. Das Kreuz über dem Taufbrunnen hat Hans Gerd Bücker 1950 geschaffen. 1992 erhielt die Kirche eine neue, auf 30 Register mit 2.010 Pfeifen erweiterte Orgel von der Hamburger Firma Christian Lobback. Dabei hat ein alter Orgelprospekt Wiederverwendung gefunden, den 1918 die Firma Breil aus Dorsten erstellt hatte.

Bockum: St. Stephanus, Innenansicht, Aufnahme von 1891 (Westfälisches Amt für Denkmalpflege)

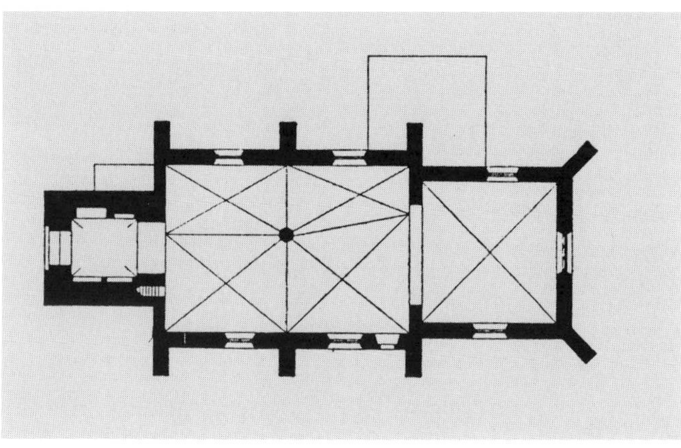

Glocken

Bis 1909 hingen im Turm der alten Stephanuskirche vier Glocken aus dem 13. Jahrhundert. Das Geläute gehörte mit denen der Dome zu Minden und Münster sowie der Herforder Münsterkirche zu den bedeutendsten Geläuten dieser Zeit in Westfalen und weit darüber hinaus. Seit jedoch zwei Glocken dieses überaus wertvollen Ensembles im Jahre 1909 durch Einschmelzen vernichtet sind, existieren nur noch zwei. Die größere davon hängt noch immer als Läuteglocke im Turm (**III**). Sie trägt interessante, aus Wachsfäden modellierte Buchstaben, die die Herstellungstechnik deutlich erkennen lassen: Die Buchstaben sind frei von Hand geformt, die Enden der Wachsfäden zu kleinen Voluten gerollt. Beim Formen des Glockenmantels sind jedoch einige Partien arg verdrückt, andere sogar zerrissen worden.

Die kleinere Glocke (**V**) hing jahrzehntelang, zuletzt unbenutzt, im Turm. Sie wurde vor einigen Jahren als Sakristeiglocke zum Anschlagen in der Kirche aufgehängt. Eigentlich schade, denn gerade sie zeichnet sich durch einen besonders schönen und feinen Klang aus, den sie aber nur zur Wirkung bringen könnte, wenn sie geläutet würde. Leider ist jetzt die Oberfläche der Glocke bis aufs blanke Metall abgeschliffen. Dadurch sind die jahrhundertealte Patina und die originale Gusshaut für immer zerstört.

Von den beiden 1909 von der Fa. Schilling in Apolda gegossenen Glocken fiel eine ebenso wie ihre Nachfolgerin von 1928 der Enteignung in den Weltkriegen zum Opfer. 1942 ging dann auch die andere Glocke von 1909 verloren. Bereits 1946 konnte das Geläute durch Zuguss dreier Glocken (**I/II/IV**) wiederhergestellt werden.

Auch am alten Turm von St. Stephanus gab es früher eine kleine Uhrglocke. Vermutlich ist sie mit jener kleinen Glocke von 1678 identisch, die in den Listen zur Glokkenerfassung von 1917/18 aufgeführt wird, heute aber nicht mehr vorhanden ist. Die Turmuhr der Kirche, ein großes Werk der Fa. B. Vortmann aus Recklinghausen, ausgestattet mit einem sogenannten freischwingenden Pendel, steht schon seit Jahren stillgelegt im Turm.

Heutiger Bestand:

I	1946 Petit & Gebr. Edelbrock	Ton cis'-5	Ø 1504 mm	2106 kg
II	1946 Petit & Gebr. Edelbrock	Ton e'+7	Ø 1248 mm	1219 kg
III	13. Jh. unbekannter Gießer	Ton fis'-5	Ø 1074 mm	~ 750 kg
IV	1946 Petit & Gebr. Edelbrock	Ton gis'+7	Ø 988 mm	598 kg
V	13. Jh. unbekannter Gießer	Ton g'± 0	Ø 609 mm	~ 190 kg

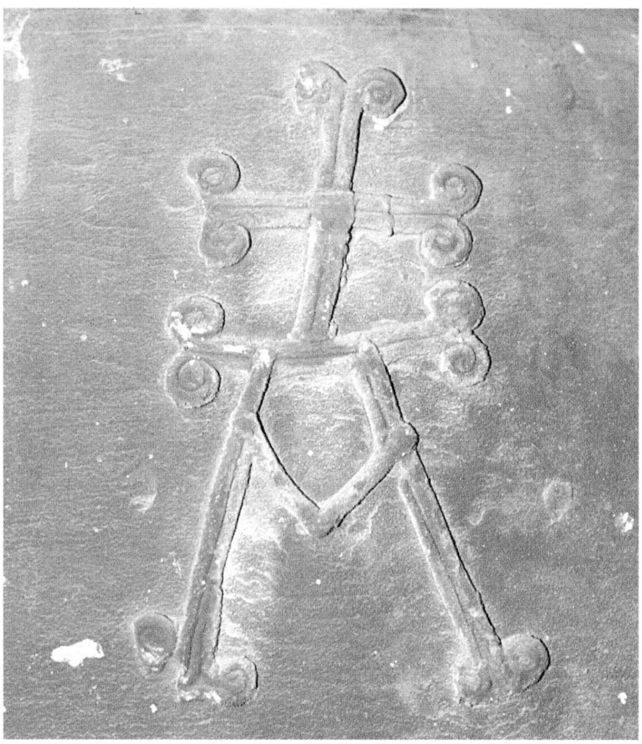

Bockum: St. Stephanus,
Wachsfadenbuchstabe (alpha) auf Glocke III aus dem 13. Jh.

Bockum: St. Stephanus,
Wachsfadenkreuz auf Glocke III aus dem 13. Jh.

Herringen: Pfarrvikarie St. Peter und Paul

Am Südufer der Lippe, nach Osten durch den Herringer Bach gedeckt, war einst die Burg Nordherringen von den Grafen von der Mark zum Schutz ihres Landes gegen Einfälle „aus dem Münsterischen" angelegt. Ihre Nachfahren, die Herren von Volenspit, stifteten 1322 mit Genehmigung des Herringer Pfarrers und des Abtes von Deutz zu Ehren der „Zehntausend Märtyrer" eine Kapelle auf der Burg. Der Legende nach haben Soldaten des Kaisers Hadrian Opfergaben und Anbetung heidnischer Zeichen vor der Schlacht verweigert und dafür den Märtyrertod erlitten. Erzbischof Heinrich von Köln bestätigte 1327 die fromme Stiftung unter der Bedingung, dass die Burgbewohner Taufe, Abendmahl und letzte Ölung in der Mutterkirche zu Herringen empfangen sollten. Seit dem 15. Jh. befand sich die Burg im Besitz des märkischen Rittergeschlechts von Torck; daran erinnert der Name der heute am „Torcksplatz" vorbeiführenden neuen Straße über die Lippe. Als um die Mitte des 16. Jh. die Mutterkirche evangelisch wurde, blieben die Herren von Torck dem alten Glauben treu. In der Burgkapelle versammelten sich zum Gottesdienst nun auch die in der Umgebung wohnenden Katholiken, die vornehmlich auf den zum Stift Cappenberg gehörenden Höfen lebten. Ihre Betreuung übernahmen die Franziskaner in Hamm. Wohl als Folge der erzbischöflichen Bestätigung von 1327 mussten die Stolgebühren der Burgkapelle auch jetzt weiter an den alsbald reformierten Pfarrer der Herringer Kirche abgeführt werden. Als 1734 der junge Burgherr infolge eines Sturzes vom Pferd kinderlos verstarb und sein Bruder, bis dahin Domherr in Münster, die Witwe heiraten wollte, um den Fortbestand der Familie zu sichern, gab es dafür keine kirchenrechtliche Erlaubnis. Kurzerhand trat er zum evangelischen Glauben über und ehelichte die Witwe seines verstorbenen Bruders. Erhebliche Spannungen bis hin zu Gerichtsverfahren mit dem Hammer Observanten-Konvent wegen des Dienstes in der Kapelle waren die Folge.

Des Streites mit dem Burgherrn überdrüssig, beschloss der die Burgkapelle verwaltende Franziskanerpater Januarius Brunnemeyer aus Hamm den Neubau einer Kirche und zog mit königlicher Genehmigung durch die Lande, um die Mittel hierfür zu sammeln. Ein Grundstück für den beabsichtigten Kirchenbau hatte ihm die Freifrau Annamaria von Torck etwa 150 m südlich der Schlossgräfte überlassen, nachdem das Schloss selbst 1764 abgebrannt war. Im Juli 1771 wurde der Rohbau begonnen und schon Ende des folgenden Jahres fertig gestellt. Am 25. 10. 1775 konnte der Kirchenbau den Heiligen Petrus und Paulus geweiht werden. Damit hatten die Katholiken des weiten Kirchspiels Herringen ein neues eigenes Gotteshaus. 1824/25 entließ man sie aus allen Verpflichtungen gegenüber der evangelischen Kirche in Herringen und 1842 erhielten sie vom Paderborner Bischof endgültig alle Pfarrrechte. Die im 19. Jh. zunehmende Industrialisierung der Umgebung ließ die katholische Bevölkerung schnell wachsen und weitere Kirchenbauten im Bereich des alten Kirchspiels Herringen entstehen: 1858 St. Josef im Hammer Westen, 1906/09 Herz-Jesu in Rünthe, 1907 St. Bonifatius in der Hammer Westenheide und 1908 St. Marien als Notkirche in Wiescherhöfen. In der Dorfmitte Herringens entstand schließlich 1928 bis 1930 die Kirche Heilig-Kreuz als Pfarrkirche. Seither dient St. Peter und Paul der Gemeinde als Vikariatskirche.

Der schlichte Saalbau mit abgerundeten Ostecken und eingezogenem 5/8-Chor ist 24 m lang und 9,70 m breit. Den ganzen Bau umzieht ein einfach abgeschrägter Sockel und ein abgesetztes Dachgesims mit Kehle. Alle Wände sind verputzt und seit der jüngsten Restaurierung 1993 in freundlichem Gelb gestrichen. Das Kirchenschiff deckt ein Satteldach mit Giebelwalm. Über der Ostwand der Kirche erhebt sich ein hoher Dachreiter in Form einer achtseitigen offenen Laterne mit welscher Haube. Das Dach über der im Osten an den Chor anschließenden Sakristei ist niedriger. Die Westwand der Kirche ist risalitartig vorgezogen. Eine einfache rechteckige Öffnung mit Sandsteineinrahmung und einer aus rautenförmig versetzten Eichenholzbrettern gefertigten Tür bildet den Eingang. Über diesem Portal hat Pater Brunnemeyer auf einer in die Wand eingelassenen, querrechteckigen, ziemlich verwitterten Tafel der vielen kleinen Spenden gedacht, die das Bauwerk ermöglicht hatten:

Aus geringen Tropfen geht ein
Bach hervor, aus einzel'nen Gaben
steht diese Kirch empor.

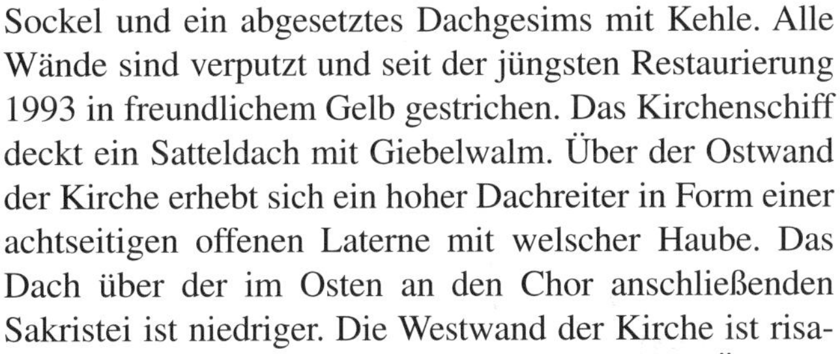

Noch höher liegt eine rundbogig geschlossene, jetzt leere Nische eingerahmt von kannelierten Säulen, die wahrscheinlich einst das Wappen der Herren von Torck enthielt. Eisenanker in dieser Westwand geben das Erbauungsjahr an: 1771.

Das Innere besticht durch freundliche Helligkeit und eine spätbarocke Ausstattung aus der Bauzeit. Eine Spiegeldecke aus verputzten Eichenbohlen, mit einem Stuckgesims gegen die Wände abgesetzt, deckt das Schiff. Den Chor schließt nach oben ein sechsteiliges Kappengewölbe aus Ziegeln ab, das auf fünfseitigen profilierten Konsolen ruht und zum Schiff hin durch einen flachen Stichbogen abgeschlossen ist. Jede Längswand des saalartigen Schiffes hat drei hohe Stichbogenfenster, die geraden Außenseiten des Chores je ein weiteres Fenster. Der hölzerne Hochaltar besteht aus dem Tabernakel und einem von zwei Säulen mit gebrochenem Gebälk gerahmten Bildwerk. Das in Öl auf Leinwand gemalte Altarblatt zeigt die Kreuzigung Christi. Außen stehen neben den Säulen auf Postamenten die unterlebensgroßen Figuren der Kirchenpatrone Petrus mit Schlüssel und Paulus mit Buch und Schwert. Den oberen Abschluss bildet eine Rocaille-Kartusche mit den Buchstaben A und O für Alpha und Omega, die Anfangs- und Endbuchstaben des griechischen Alphabets. Der Sinn dieser geheimnisvollen Selbstbezeichnung Gottes und Christi folgt aus der Bibel, Offb. 1.8 und 17: „Ich bin der Erste und der Letzte“. Das zylinderförmige Tabernakel trägt auf profiliertem Deckel die Weltkugel, wobei kannelierte Voluten die rundbogige Öffnung umfassen. Die Holzverkleidung der Mensa ist neu.

In einem geschickt in die linke Raumecke vor dem Altar komponierten, kurvig geschwungenen Gehäuse mit Pilastern und verkröpftem Gebälk sind Kanzel und Beichtstuhl miteinander verbunden. Flache Voluten fassen die Kanzelbrüstung ein, zwischen ihnen befindet sich eine Kartusche mit neuer Inschrift. Auch die Kirchenbänke folgen mit ihren geschwungenen Wangen dem Stil der Erbauungszeit.

Vermutlich aus der alten Kirche zu Herringen hierher überführt wurde der Taufstein aus Bentheimer Sandstein,

Herringen: St. Peter und Paul, Kanzel, Altar und Taufstein

Herringen: St. Peter und Paul, Altar

dessen Höhe ohne neuen Sockel und hölzernen Deckel 80 cm und dessen Durchmesser 90 cm beträgt – eine rohe Arbeit des 12. Jahrhunderts. Die zylindrische Kufe ruht auf einem runden Fuß mit Wulst und vier Ecklöwen über einer quadratischen Platte. Der Beckenrand ist von Blattranken zwischen Taustäben über einem Palmettenfries geziert. Taufsteine dieses Bentheimer Typs finden sich u. a. in Borken bei St. Remigius und in Metelen bei St. Cornelius und Cyprian. Die Orgel wurde 1905 von der Firma Gebr. Stockmann aus Werl gebaut; sie ergänzt ein 1834 vom Orgelbauer Breidenfels aus Münster erstelltes Werk und erklingt seit dem Rückbau von 1981 wieder mit sechs Registern. Der Prospekt soll noch aus der Erbauungszeit stammen und von der untergegangenen Kapelle der Burg Nordherringen übernommen worden sein. Die weitere Ausstattung ist leider weitgehend verloren gegangen.

Eine holzgeschnitzte Hl. Elisabeth aus dem beginnenden 15. Jh. befindet sich seit 1903 als Leihgabe im Gustav-Lübcke-Museum *(Heinrich Ossenberg, Abb. S. 162)*. Eine sehr schöne Anna Selbdritt um 1520, die aus dem Kreis um den Meister von Osnabrück stammte, ist leider 1974 aus der Kirche gestohlen worden *(Hans Thümmler, Abb. S. 218)*. Ersatzweise sind in den letzten Jahren neuere Schnitzarbeiten gestiftet worden: eine kleine Madonna mit Kreuz und Kind auf der Mondsichel über dem Taufstein; ein kleiner Paulus über der Kanzel; Maria mit Kind an der Westwand und eine Hl. Cäcilie an der Emporenbrüstung. Eine kostbare Monstranz aus vergoldetem Kupfer mit einem neuen, von silbernen Ranken und farbigen Steinen besetzten Strahlenkranz aus der Mitte des 18. Jh. wird in der Pfarrkirche Hl. Kreuz aufbewahrt *(Hans Thümmler, Abb. S. 218)*; ebenso ein Kelch mit den Wappen von Torck und Schwansbell aus der Hand eines Meisters „W“ *(Johann Michael Fritz, Dortmunder Goldschmiede)*.

Herringen: St. Peter und Paul, Hl. Elisabeth (Gustav-Lübcke-Museum)

Herringen: St. Peter und Paul, Schlafstelle über der Sakristei

Hinter dem Chor axial zur Kirche liegt als Sakristei ein längsrechteckiger, apsidial schließender Raum mit Spiegeldecke, zu dem die Türen aus rautenförmig versetzten Eichenholzbrettern in der Nord- und Westwand führen. Sein Licht erhält dieser Raum durch einfache Fenster mit originalen Flügeln, durch ein feststehendes Oberlicht in der Süd- und Ostwand sowie von einem kleinen Fenster über der nördlichen Tür. An der Westwand führt eine Treppe mit ausgesägten Brettbalustern in die sogenannte Paterkammer im Obergeschoss, einen Raum gleicher Art wie die Sakristei im Untergeschoss mit Fenstern in drei Himmelsrichtungen.

Die Westseite des Raumes füllt eine Schrankwand mit zwei Doppeltüren, hinter denen ein kurzes Bett eingelassen ist, von dem aus man einst durch einen inzwischen vermauerten Schlitz in die Kirche blicken und zugleich die Glocken im Dachreiter bedienen konnte. Dem vor Ort dienenden Franziskanerpater schien es somit nicht an der nötigen Bequemlichkeit zu fehlen! Sie dürfte ihm zu gönnen gewesen sein, erforderte die gewissermaßen „ambulante Versorgung" seiner Pfarrkinder doch manch weiten Fußmarsch vom alten Hamm nach Herringen zu jeder Jahreszeit und bei Wind und Wetter.

Glocken

Die Kapelle besaß ursprünglich zwei, im 19. Jh. sogar drei kleine Glocken. Zwei von ihnen waren 1862 und 1863 neu gegossen worden. Sie fielen dem Ersten Weltkrieg zum Opfer und wurden 1938 durch eine Glocke der Fa. Otto in Bremen-Hemelingen ersetzt (**I**).

Bei der dritten Glocke, die nach den Angaben der Glockenliste angeblich erst aus dem 19. Jh. stammen soll, handelt es sich zweifellos um die jetzt noch bestehende inschriftlose mittelalterliche Glocke aus dem 14. Jh. (heute **II**). Sie lagerte jahrzehntelang auf dem Dachboden der Pfarrkirche Heilig-Kreuz in Herringen und wurde erst 1989 wieder im Dachreiter der Kapelle aufgehängt.

Im Magazin des Gustav-Lübcke-Museums befindet sich ein Glockenbruchstück, das in der ersten Hälfte des 20. Jh. nahe der Kapelle gefunden wurde. Es umfasst einen Abschnitt zwischen Wolm und Schärfe einer kleinen Glocke von vielleicht 300 bis 400 mm Durchmesser, die sehr wahrscheinlich aus dem 13. oder 14. Jh. stammt.

Heutiger Bestand:

I	1938 F. Otto	Ton g“-1	Ø 536 mm ~ 100 kg
II	14. Jh. unbekannter Gießer	Ton c´´´+4	Ø 413 mm ~ 50 kg

Hamm-Westen:
Katholische Pfarrkirche St. Bonifatius

Die früher an Stelle der heutigen Kirche vorhandene Notkirche erhielt – vermutlich nach dem Ersten Weltkrieg – leihweise eine alte Glocke aus der ehemaligen Klosterkirche St. Bernhard zu Welver. Die dortige Gemeinde hatte nach dem Ersten Weltkrieg zwei Stahlglocken beschafft, so dass die alte Bronzeglocke nicht mehr benötigt wurde. Im Verwahr der Bonifatiusgemeinde befindet sich die Glocke noch heute, wird aber auch hier nicht mehr benutzt, da mit Errichtung der bestehenden Kirche ein großes Gussstahlgeläute angeschafft wurde. Es handelt sich um eine kleine Glocke des 14. Jh. (Schlagton a“ – 1; Ø 474 mm; Gewicht ~75 kg). Bemerkenswert ist unterhalb der Schulterzier der Abguss eines romanischen, also wesentlich älteren Kleinkruzifixes. Leider wurde die Glocke vor einigen Jahren durch Sandstrahlen entstellt.

Hamm-Westen: St. Bonifatius, Glocke aus dem 14. Jh.

Nachwort zu den Glocken

Abschließend sei es gestattet, außerhalb dieses Buch-Konzeptes ein Beispiel vorzustellen, das in besonderer Weise beeindruckt. Die Glocke hängt in der Johanneskirche Hamm-Norden und wurde 1937 als Gussstahlglocke vom Bochumer Verein geliefert. Sie stammt also aus jenen Jahren, in denen man dort die Umstellung der Glockenkonstruktion auf die Oktavrippe versuchte. Zeigt sich die Glocke musikalisch nachhaltig misslungen, und vermittelt ihre gespaltene und resonanzarme Tongebung eher eine Karikatur von Glockenklang (Schlagton cis ‘ +1; Ø 1.680 mm), so erweist sie sich in der äußeren Aufmachung als eindrucksvolles Zeitzeugnis: Bedenkt man nämlich, dass bei der Errichtung dieser Kirche zurzeit des Dritten Reichs die Verwendung von Baustahl aus „rüstungspolitischen Gründen“ ausdrücklich verboten war, so wird die Gestaltung der Glocke mit dem Text des ersten Gebotes und dem Zusatz DIE BEKENNENDE GEMEINDE HAMM GAB DIESE BUSSGLOCKE 1937 geradezu zu einer provokanten Gegenäußerung – und ist es wohl auch, denn der damals amtierende Pfarrer Martin Berthold stand der bekennenden Kirche nahe. Möglicherweise geht die formale Umsetzung des Inhalts, die in der knappen und kargen Formensprache dieser Zeit umso eindrücklicher wirkt, auf den Architekten der Kirche, Bernhard Hopp, zurück. So mag diese Glocke, die auf Grund ihres geschichtlichen Wertes kürzlich in die Denkmal-Liste der Stadt aufgenommen wurde, eine Verbindung sein von den Zeugnissen früherer Jahrhunderte zu unserer Zeit – in ihrer mahnenden Aussage (leider) unvermindert aktuell.

Hamm: Ev. Johanneskirche, Gussstahlglocke von 1937

Glossar

Aedicula	giebelbekrönte Rahmung von Tür, Fenster u. a.
Agnus Dei	Lamm Gottes
Allod	volleigenes Vermögen, Erbgut, im Unterschied zum Lehnsgut
Ambo	Lesepult
Anna Selbdritt	Maria mit ihrer Mutter Anna und dem Christuskind
Apsis	Chorhaupt, im Grundriss meist halbkreisförmig oder polygon
Archidiakonat	dem Dekanat vergleichbarer Kirchensprengel; Archidiakon: Vertreter des Bischofs
Architraph	durchlaufender Steinbalken über der Säulenstellung, Hauptteil des Gebälks
Arkade	Bogen
Arkatur	Bogenstellung von Säulen oder Pfeilern getragen
Atrium	Vorhalle, Vorhof
Attika	Mauerzone über dem Gesims der Säulenreihe
Baluster	kleine untersetzte Stütze mit stark profiliertem, gebauchtem Schaft
Balustrade	aus Balustern gebildete Geländer
Baptisterium	Taufkirche
Basilika	Kirchenbau, dessen Mittelschiff höher als die Seitenschiffe durch eigene Fenster beleuchtet wird
Basis	Fuß einer Säule, Grundmauer
Birnstab	Rippe von birnenförmigem Querschnitt
Blendarkade	unmittelbar der Wand aufliegende Zierbogen, auch Blendbogen
Blendmaßwerk	unmittelbar der Wand aufliegendes Maßwerk
Bockstrebenstuhl	Glockenstuhltyp
Bündelpfeiler	Pfeiler, der auf der ganzen Länge von Diensten umgeben ist
busig, gebust	Scheitel der Gewölbekappen übersteigt den der Gurtbögen
Chor	der Geistlichkeit vorbehaltener Raum vor dem Hochaltar, oft nicht von gleicher Breite wie das Schiff: eingezogener Chor
Chronogramm	auf ein bestimmtes Jahr bezogener lateinischer Satz; die Addition seiner Buchstaben, die zugleich römische Zahlen sind, ergibt die Jahreszahl
Credo	Glaubensbekenntnis
Dachreiter	dem Dachfirst aufsitzendes Türmchen
Deckplatte	flache Platte aus Stein über dem Kapitell
Dienst	plastische, im Querschnitt halb- oder dreiviertelrunde, bisweilen auch eckige Bauglieder, vorgelegt der Wand oder dem Pfeiler
Draperie	z. B. wirksame Anordnung von Stoffen
Eckblatt, -sporn	Verzierung an den vier Ecken einer Säulenbasis
Eigenkirche	auf privatem Grund stehende Kirche, über die der Grundherr gewisse Rechte hat
Epigraphik	Inschriftenkunde befasst sich mit Entwicklung und Form der Schrift
Epitaph	Wanddenkmal
Eucharistie	Akt der Danksagung für die Gegenwart Christi im Abendmahl
Fassung	ein- oder mehrfarbige Oberflächenbehandlung, auch in verschiedenen Materialien
Fiale	gotisches Ziermotiv, Bekrönung in Form eines Türmchens
Flügelaltar	Form eines Altaraufsatzes mit feststehendem Mittelschrein und beweglichen Seitenflügeln
Gaden	eigentlich Stockwerk, Geschoss, dann auch Zone, z. B. Fensterzone der Basilika: Obergaden
gebundenes System	einem im Grundriss quadratischen Joch des Mittelschiffes entsprechen beiderseits zwei quadratische Joche in den Seitenschiffen
Gelbgießer	Handwerker, der Messing verarbeitet: Gelbguss

Gesprenge	Bekrönung des Altarschreins
Gewände	Flanken des Portals oder Fensters
Gewölbe	Tonnengewölbe, meist von halbkreisförmigem Querschnitt; Kreuzgratgewölbe: Durchdringung zweier Tonnengewölbe, die Schnittstellen sind gratig; Kreuzrippengewölbe: an Stelle der Grate Rippen
Grisaille	Malerei mit Grau-Farben
Gurtbogen	Verstärkungsbogen quer zur Längsachse; in der Wandzone entsprechen ihm starke Vorlagen; der Gurtbogen verdeutlicht die Jocheinteilung
Gurtgesims	umlaufendes Gesims, Erd- und Obergeschoss trennend
Hallenkirche	mehrschiffige Kirche, die nur von den Fenstern in der Umfassungsmauer beleuchtet wird
Hermenpilaster	sich nach unten verjüngender Pilaster, oben mit Figur abgeschlossen
Immaculata	Madonna der unbefleckten Empfängnis
Joch	gleichartiges Gewölbe-Element innerhalb einer Folge, häufig bestimmt vom Grundmaß der Vierung; die Einteilung in Joche durch die Wandgliederung wird durch Gurtbögen verdeutlicht
Kaffgesims	außen unter den Fenstern durchlaufendes, abgeschrägtes Gesims
Kämpfer	Steinlage am Ansatz des Bogens oder des Gewölbes, ggf. über dem Kapitell
Kannelur	senkrechte konkave Rille am Schaft einer Säule oder eines Pilasters
Kanonisierung	förmliche Heiligsprechung durch den Papst
Kanzelaltar	Kombination aus Altar und darüber angelegter, von hinten betretbarer Kanzel in protestantischen Kirchen
Kapitell	Haupt einer Säule oder eines Pfeilers
Kappe	zwischen Graten oder Rippen befindliche Teile eines Gewölbes
Kartusche	formenreich gerahmte Fläche, oft Träger von Wappen oder Emblemen
Kastenverband	Glockenstuhltyp
Kehle	Hohlkehle, das Gegenteil von Stabkehle
Konsole	aus der Mauer hervortretender Kragstein
Krone	Vorrichtung zur Glockenaufhängung
Kuppa	Schale eines Kelches
Lavabo	liturgische Handwaschgelegenheit
Lettner	Schranke, die die Geistlichkeit von den Laien trennt (in Kloster- oder Stiftskirchen)
Lisene	der Wand flach und bandförmig aufliegendes Gliederungselement, ohne Basis und Kapitell
Mandorla	Umrahmung einer ganzen Figur als Lichthülle oder geometrische Figur; kreis- oder ellipsen- (= mandel) förmig: Mandelglorie
Maßwerk	gotische Zierform, ornamental ausgebildete geometrische Fensterteilung
Mensa	Deckplatte des Altars
Minuskel	einheitliche Kleinschrift; z. B. karolingische Minuskel
Monstranz	Behälter für die große Hostie, in dem die Eucharistie auf dem Altar zur Anbetung ausgestellt oder in der Prozession herumgetragen wird
Ostensorium	s. Monstranz
Paramente	liturgische Gewänder
Patene	runder, scheibenförmiger liturgischer Teller zur Aufnahme der Hostie, zum Kelch gehörend
Patronat	Rechts- (meist Schutz-) Verhältnis eines Stifters oder seines Nachfolgers zu einer Kirche; hauptsächlich zumeist Vorschlagsrecht für den Pfarrer; Hauptpflicht das Tragen der Baulast
Patrozinium	schützendes Verhältnis eines Heiligen zu einer Kirche und Gemeinde, von der er als geistlicher Patron angerufen wird
Pietà	auch Vesperbild, Figur der Muttergottes, den toten Christus auf dem Schoß haltend
Pilaster	pfeilerförmige Vorlage, der Säule analog mit Basis und Kapitell ausgebildet
Polygon	Vieleck

Predella	Sockel des Altaraufsatzes
Prospekt	bei Orgeln sichtbare, kunstvolle Front
Putto, Putten	seit der Gotik aufkommende, besonders im Barock beliebte Kinderengel
Reliquiar	Behälter zur Aufbewahrung der Überreste (Reliquien) eines Heiligen
Retabel	Altaraufsatz
Rippe	das Joch eines Gewölbes gliederndes Element, das tragend oder auch nur zum Schein aufgesetzt ist
Rocaille	Muschelrand einer asymmetrischen Kartusche; Leitform des Rokoko
Rollwerk	Dekorationsform der deutschen Renaissance aus dreidimensionalen verschlungenen und aufgerollten Elementen
Saalkirche	Kirchenbau, dessen Innenraum nicht durch Stützen unterteilt ist
Schärfe	scharfe untere Glockenkante
Scheidbogen	ein Raumteile scheidender Bogen
Schildbogen	Bogen im Schnitt zwischen Gewölbe und Wand
Schlussstein	formal ausgebildeter Schnittpunkt der Rippen; Stein im Scheitel des Bogens
Segmentbogen	Strichbogen, Flachbogen
Stichkappe	die in die Rundfläche eines Gewölbes senkrecht zu dessen Achse einschneidende Gewölbekappe
Stufenhalle	das Mittelschiff ist höher als die Seitenschiffe, aber ohne eigene Beleuchtung wie bei der Basilika
Sturz	waagerechter Abschluss der Tür- oder Fensteröffnung
Stützenwechsel	Wechsel zwischen Säule und Pfeiler
Tabernakel	Gehäuse zur Aufbewahrung der Hostie
Timbre	charakteristisches Merkmal eines Klanges
Triumphbogen	Transversalbogen zwischen Schiff, Vierung und Chor
Triumphkreuz	monumentaler Kruzifixus am Triumphbogen hängend oder auf einem Querbalken darunter stehend
Tympanon	Türbogenfeld über dem Türsturz
Vierung	Raumteil, bei dem sich Lang- und Querhaus durchdringen
Vierpass	Pass = Zirkel, eine aus Dreiviertelkreisen zusammengesetzte gotische Maßwerkfigur
Volute	spiral- oder schneckenförmige Einrollung; in Renaissance und Barock häufig zur Vermittlung von horizontalen und vertikalen Baugliedern benutzt
Vorlage	der Wand zur Verstärkung und Gliederung aufliegender Pilaster oder Dienst
Wandpfeiler	aus der Wand hervortretender, mit ihr verbundener Pfeiler
Westwerk	monumental ausgebildeter Westbau an karolingischen, ottonischen und romanischen Kirchen oft in Verbindung mit einem eigenen Altar
Wolm	konkav gekurvter Bereich im unteren Glockenteil
Zäsur	zeitlicher Einschnitt, Trennung
Ziborium	sakramentaler Deckelkelch für die Hostie, in der Architektur monumentaler Baldachin über dem Altar
Zwickel	dreiseitig begrenztes Flächenstück, z.B. Gewölbezwickel

Quellen- und Literaturverzeichnis

Abkürzungen:

BA	Bildarchiv des Westfälischen Amtes für Denkmalpflege, Münster
BKD	Bau- und Kunstdenkmäler von Westfalen, hrsg. Provinzialverband bzw. Landschaftsverband, Münster
D	Denkmalpflegeberichte
GA 1942	Glockenaufnahme Sammellager Lünen 1942 (Archiv Westfälisches Amt für Denkmalpflege)
GL 1918	Glockenliste 1918 (Archiv Westfälisches Amt für Denkmalpflege)
GL 1942	Glockenliste 1942 (Archiv Westfälisches Amt für Denkmalpflege)
GLM	Gustav-Lübcke-Museum, Hamm
JbWKG	Jahrbuch des Vereins für Ev. Kirchengeschichte der Grafschaft Mark, Bd. 1-4, Gütersloh 1899-1902; Jahrbuch für Ev. Kirchengeschichte Westfalens, Bd. 5-24, Gütersloh 1903-1922; ab 1971 Jahrbuch für Westfälische Kirchengeschichte, Bielefeld und Lengerich
Kat	Katalog
LMfKG	Landesmuseum für Kunst und Kulturgeschichte, Münster
Mscr	Manuskript
PfA	Pfarrarchiv
WAD	Westfälisches Amt für Denkmalpflege, Münster
W	Zeitschrift Westfalen, Hefte für Geschichte, Kunst und Volkskunde, Münster 1909-1996
WZ	Westfälische Zeitschrift, Zeitschrift für vaterländische Geschichte und Altertumskunde Bd. 1-148, Münster u. Paderborn

Zur allgemeinen Geschichte und Kunstgeschichte

APPUHN, Horst: Einführung in die Ikonographie der mittelalterlichen Kunst, Darmstadt 1980

ANGENENDT, Arnold: Gottes und seiner Heiligen Haus. In: Imagination des Unsichtbaren, Kat LMfKG Bd. 1, Münster 1993, S. 70-108

BRAUN, Joseph: Tracht und Attribute der Heiligen in der Deutschen Kunst, Stuttgart 1943

DEHIO, Georg, bearb. v. Dorothea Kluge und Wilfried Hansmann: Handbuch der Deutschen Kunstdenkmäler, Westfalen, Darmstadt 1969

EICKHOFF, Hermann: Aus der Kirchen- und Schulgeschichte Hamms. In: 700 Jahre Stadt Hamm (Westf.), Hamm 1926, S. 156-173

ders.: Bedeutende Persönlichkeiten und denkwürdige Ereignisse, a. a. O., S. 293-314

FREISE, Eckard: Das Frühmittelalter bis zum Vertrag von Verdun (843). In: Westfälische Geschichte, hrsg. v. Wilhelm Kohl, Bd. 1, Düsseldorf 1983, S. 275-335

FRITZ, Johann Michael: Goldschmiedemarken der Stadt Hamm, W Bd. 43 (1965), S. 261

HEPPE, Karl Bernd: In beiderley Gestalt, Kat Ev. Stadtkirche, Unna 1983

HÖMBERG, Albert K.: Das mittelalterliche Pfarrsystem des Kölnischen Westfalen, W Bd. 29 (1951), S. 27-47

ders.: Studien zur Entstehung der mittelalterlichen Kirchenorganisation. In: Westfälische Forschungen Bd. 6 (1943-1952), S. 46-108

ders.: Kirchliche und weltliche Landesorganisation in den Urpfarrgebieten des südlichen Westfalen, Geschichtliche Arbeiten zur Landesforschung, Bd. 10, Münster 1965, S. 102

JUCHO, Max: Alte Hammer Bauten. In: 700 Jahre Stadt Hamm (Westf.), Hamm 1926, S. 177-230

KÄSTNER, Kurt Wilhelm: Der Raum Westfalen in der Baukunst des Mittelalters. In: Der Raum Westfalen, hrsg. v. Hermann Aubin, Bd. II, Münster 1955, S. 371-449

KELLER, Hiltgart L.: Reclams Lexikon der Heiligen und der biblischen Gestalten, 6. Aufl., Stuttgart 1987

KELLER, Hagen: Zwischen regionaler Begrenzung und universalem Horizont, Propyläen Geschichte Deutschlands, Bd. 2, Berlin 1986

KLOCKE, Friedrich von u. BAUERMANN, Johannes: Handbuch der historischen Stätten Deutschlands, Bd. 3, Nordrhein-Westfalen, 2. Aufl., Stuttgart 1970

KLUGE, Dorothea: Gotische Wandmalerei in Westfalen, W 12. Sonderheft, Münster 1959

dies.: Kurzinventarisation der Kirchen und Kapellen des 19. und frühen 20. Jh. in Westfalen und Lippe, W Bd. 53 (1975), S. 223-256

LAPPE, Josef: Hamm im Mittelalter und in der Neuzeit. In: 700 Jahre Stadt Hamm (Westf.), Hamm 1926, S. 49-155
Lexikon der christlichen Ikonographie (LCI), hrsg. v. Engelbert Kirschbaum S.J., Freiburg 1968

LÜBKE, Wilhelm: Die mittelalterliche Kunst in Westfalen, Leipzig 1853

MÜHLEN, Franz: Baukunst im Mittelalter und in der frühen Neuzeit. In: Westfälische Geschichte, hrsg. v. Wilhelm Kohl, Bd. 1, Düsseldorf 1983, S. 687-728

ders.: Das geöffnete Westturmjoch und der Domturm zu Paderborn im 13. Jh., W Bd. 48 (1970), S. 126

NORDHOFF, Johann Bernhard: Die Kunst- und Geschichtsdenkmäler des Kreises Hamm, hrsg. v. Provinzialverein für Wissenschaft u. Kunst, Münster 1880

OSSENBERG, Heinrich u. LAPPE, Josef: BKD Bd. 43, Stadt Hamm, Münster 1936

REUTER, Rudolf: Orgeln in Westfalen, Kassel 1965

ders.: Erhaltung und Wiederherstellung historischer Orgeln in Westfalen und Lippe, W Bd. 41 (1963), S. 382-438

RICHTERING, Helmut: Adelssitze und Rittergüter im Gebiet der Stadt Hamm. In: 750 Jahre Stadt Hamm, hrsg. v. Herbert Zink, Hamm 1976, S. 125-160

ROTHERT, Hermann: Westfälische Geschichte, Bd. 1, Das Mittelalter, Gütersloh 1962

ROTHERT, Hugo: Kirchengeschichte der Grafschaft Mark, JbWKG Bd. 13-15 (1911-1913)

STUPPERICH, Robert: Westfälische Reformationsgeschichte, Beiträge zur Westfälischen Kirchengeschichte, Bd. 9, Bielefeld 1993

THÜMMLER, Hans und RICHTERING, Helmut: BKD Bd. 47, Kreis Unna, Münster 1959

TIMM, Willy: Die Stadt Hamm von ihrer Gründung bis zur Gegenwart. In: Hamm, Chronik einer Stadt, Heimatchroniken der Städte und Kreise des Bundesgebietes, Bd. 28, Köln 1965, S. 29-122

ZINK, Herbert: Die Bau- und Kunstdenkmäler der Stadt Hamm. In: Hamm, Chronik einer Stadt, Köln 1965, S. 135-169

ders.: aus Kunst und Kultur der Grafschaft Mark, Kat GLM, Hamm 1965

ders.: Altes Silber aus der Stadt Hamm, Kat GLM, Hamm 1969

Zur allgemeinen Glockenkunde

BÖHME; Ulrich u. PETER, Claus: Mechanische Turmuhren – ein unaufgebbares Kulturgut. In: Glocken in Geschichte und Gegenwart, Bd. II., Karlsruhe 1997, S. 398-424

HALEKOTTE, Theo: Die Glocken der ehemaligen Briloner Glockengießerei, Diplomarbeit an der Theologischen Fakultät Paderborn, Mscr, Werl 1981

KIRCHHOFF, Karl Heinz: Wolter Westerhues, ein Glockengießer in Westfalen, WZ Bd. 129 (1979), S. 70-88

KÖHLER, Gustav Ernst: Die Glockengießer Rincker, 2. Aufl. Gießen 1961

LOBEROT, George: Huillecourt, fondeur des cloches. In: les cahiers Haut Marnais, Jg. 1953, S. 163

MICHELS, Paul: Die Glockengießerfamilie Delapaix, WZ Bd. 110 (1960), S. 329-340

NEULINGER, Ernst: Glockengießerei in Isselburg im 18. Jh.. In: Unsere Heimat, Jahrbuch des Kreises Borken 1987, S. 222-224 [zu Christian u. Rotger Voigt]

NIEMÖLLER, Johann Heinrich: Die Glocken der Grafschaft Mark, JbWKG Bd 2 (1900), S. 27-62, Bd. 5 (1903), S. 118-178

NORDHOFF, Johann Bernhard: Der Erzgießer Herman Vogel. In: Archiv für christliche Kunst, Bd. 8. Nr. 11, Berlin 1884, S. 81-85

PETER, Claus: Die Glocke von 1498 zu Meiningsen und ihr Meister Herman Vogel. In: Soester Zeitschrift, Heft 83, Soest 1971, S. 50-56

ders.: Mittelalterliche Glockengießerei im Raum Soest. In: Soester Zeitschrift Heft 87, Soest 1975, S. 35-44 [zur Dortmunder Werkstatt]

ders.: Lothringische Glockengießer in Westfalen. In: Hüweler, Joseph: Die Glocken der St.-Johannes-Pfarrkirche zu Coesfeld-Lette, Coesfeld-Lette 1981, S. 35-38

ders.: Die deutschen Glockenlandschaften,
hrsg. v. Kurt Kramer, 1. Folge Westfalen, München 1989 (Tonkassette mit Beiheft)

ders.: Die Altmark als Glockenlandschaft [zu Herman Vogel]. In: Jahrbuch f. Glockenkunde 7/8 (1995/96), Brühl 1997, S. 129-178

ders.: Zur Entwicklung des Turmuhrenbaues in Westfalen, W Bd. 62 (1984), S. 216-244

SCHUH, Paul: Die Glockengießerfamilie Mabilon zu Saarburg [mit detaillierten Angaben zur Gießerfamilie Stocky]. In: 1000 Jahre Saarburg, Saarburg 1964, hier S. 141/142

SPEHL, W.J.: Glockengießer in Dremmen. In: Heimatkalender der Heinsberger Lande, 1927, S. 119-127 [zu Christian u. Rotger Voigt]

SCHWIETERS, Julius: Geschichtliche Nachrichten über den östlichen Theil des Kreises Lüdinghausen, Münster 1886

VOGELER: Die Soester Glockengießerfamilie Neelmann, W Bd. 5 (1913), S. 19 ff.

WERNICKE, E.: Lothringische Glockengießer in Deutschland, Jahrbuch der Gesellschaft für lothringische Geschichte und Altertumskunde, Jg. 3. Metz 1891, S. 401, Jg. 4., Metz 1892, S. 2

Einzelnachweise zu Kirchen und Glocken

Herringen: Ev. Pfarrkirche St. Victor

ISENBERG, Gabriele: Neue Ausgrabungen in Kirchen zwischen Lippe und Ruhr, W Bd. 70 (1992), S. 3 (24)

PETZMEYER, Heinrich: Herringen, hrsg. v. der Kirchengemeinde Herringen, Dülmen 1982

SCHEVEN, Ilsemarie von: Ablösung der Steuern in Roggen und Gerste. In: Unser Westfalen, Jg. 1995, Hamm, S. 80

D in: W Bd. 19 (1934), S. 280, Bd. 21 (1936), S. 184, Bd. 31 (1953), S. 138, Bd. 46 (1968), S. 315, Bd. 53 (1975), S. 495, Bd. 67 (1989), S. 517

Glocken:
Akten des BA
GL 1918
GA 1942
PETZMEYER a. a. O., S. 153/154

Pelkum: Ev. Pfarrkirche St. Jacobus

PETER, Claus: Die evangelische Pfarrkirche St. Jacobus zu Pelkum, Tatsachen und Berichte, Schriftenreihe der Stadt Hamm Nr. 19, Hamm 1976

PETZMEYER, Heinrich: a. a. O., S. 17

D in: W Bd. 41 (1963), S. 203, Bd. 46 (1968), S. 419

Glocken:
PfA Pelkum. Kirchenrechnungen ab 1661;
div. Glockenakten,
Einzelnachweise s. Peter (1976) a. a. O.
Akten des BA
GL 1918
PETER (1976) a. a. O., S. 63-69

Berge: Ev. Pfarrkirche

REGEL, Werner: Ein Gang durch die Geschichte der Kirchengemeinde Berge, Hamm 1993

WOLF, Manfred: Kloster Kentrop. In: 750 Jahre Stadt Hamm, hrsg. v. Herbert Zink, Hamm 1976, S. 101-124

D in: W Bd. 67 (1988), S. 516

Glocken:
PfA Berge, Kirchenrechnungsbuch ab 1696.
Lagerbücher ab 1828 bzw. 1866
Akte Gebäude, Kirche 1781-1876 (o. Sign.)
GL 1918 und 1942
PfA Mark N 4 (Verzeichnis der 1917 beschlagnahmten Glocken im Kreis Hamm)
REGEL, a. a. O., S. 51

Rhynern: Kath. Pfarrkirche St. Regina

HEPPE, Karl Bernd: Gotische Goldschmiedekunst in Westfalen, Diss. Münster 1973

ders.: Die Goldschmiedekunst des späten Mittelalters zwischen Lippe, Rhein und Ruhr. In: Vergessene Zeiten – Mittelalter im Ruhrgebiet, Bd. 2, Kat Ruhrlandmuseum, Essen 1990, S. 261-264

LAPPE, Josef: Die Geschichte des Amtes Rhynern, Rhynern 1949

LINNHOFF, Eberhard: Der Patroklusschrein und sein Schicksal. In: Der Heilige Patroklus, Soester wissenschaftliche Beiträge, Bd. 26, Soest 1964, S. 22

LÖBKE, Rose: Der Renaissance-Altar zu Hamm-Rhynern und das Chorgestühl zu Arnsberg-Rumbeck, Mscr, Hamm 1989

REUTER, Hannalore: Historische Orgeln der Stadt Soest, Westfälische Kunststätten, Heft 75, Münster 1995

SCHNACKENBURG, Marie Luise: Das im Jahre 1633 als Kontribution abgegebene „Kirchen-Silberwerk“. In: Wiederbegegnung mit dem Sifridus-Kelch, Domschatzkammer Osnabrück 1998, S. 44-67

STORK, Hans-Walter: Kirchenführer, Schnell & Steiner Nr. 1866, München 1991

ders.: Urkunden zum Soester Patroklischrein, WZ Bd. 148 (1998), S. 295-316

TERBORG, Kaspar: Die Todtenbäume von Rhynern, WZ Bd. 47 II (1889), S. 189

ZINK, Herbert: Der Reginenschrein zu Rhynern, W Bd. 29 (1951), S. 196-208

D in: W Bd. 31 (1953), S. 174, Bd. 41 (1969), S. 211, Bd. 46 (1968), S. 431, Bd. 53 (1975), S. 678, Bd. 67 (1989), S. 518

Glocken:
PfA St. Regina Repos. Nr. 5122, u. a. Glocken 1688-1872
Akten des BA
GL 1918 und 1942

Rhynern: Ev. Pfarrkirche

BAUKS, Friedrich Wilhelm: 300 Jahre Zusammenleben der Konfessionen. In: Westfälischer Heimatkalender 1977, S. 26-28

Kirchenführer der Gemeinde

D in: W Bd. Bd. 53 (1975), S. 276 und S. 678

Glocken:
PfA Ev. Gemeinde Rhynern, Lagerbuch ab 1828
GL 1918
HELMERT, Friedrich: Wadersloh, Münster 1963

Mark: Ev. Pfarrkirche St. Pankratius

EICKERMANN, Norbert: Eingeritzte Wandinschriften und eine Bauinschrift vom Jahre 1342 in Hamm-Mark. In: 750 Jahre Stadt Hamm, hrsg. v. Herbert Zink, Hamm 1976, S. 69-79

KLEIN, Hans Hermann: Karl Friedrich v. Wolffersdorff, Osnabrück 1984

KLOOSTERHUIS, Jürgen: Köln – Mark und St. Pankratius. Die politischen Beziehungen zwischen den Kölner Erzbischöfen und den Grafen von der Mark aus sakraler Sicht. In: Vergessene Zeiten – Mittelalter im Ruhrgebiet, Bd. 2, Kat Ruhrlandmuseum, Essen 1990, S. 45-50

LOBBEDEY, Uwe: Zur Baugeschichte von Haus Mark. In: 750 Jahre Stadt Hamm, hrsg. v. Herbert Zink, Hamm 1976, S. 39-68

RIBHEGGE, Wilhelm: Eine preußische Stadt in Westfalen: Hamm. In: Die Stadt, 13. Jg., Bd. 3, Stuttgart 1986, S. 165-183

RODENKIRCHEN, Nicolaus: Die Kirche in Mark und ihre Wandmalereien, W Bd. 23 (1938), S. 374-382

VAHRENHOLD-HULAND, Uta: Die Grafschaft Mark. In: Köln-Westfalen 1180-1980, Kat LMfKG Bd. 1, Münster 1981, S. 180-185

WITTMANN, Paul: Zur Geschichte der ev. Kirchengemeinde Mark, Hamm-Mark 1948

D in: W Bd. 31 (1953), S. 134, Bd. 41 (1963), S. 101, Bd. 53 (1975), S. 463

Glocken:
PfA Mark N 4 (Glockenakte)
Akten des BA
GL 1918
WITTMANN a. a. O.

Uentrop: Ev. Pfarrkirche und Kath. Pfarrkirche St. Antonius in Geithe

GRAEVINGHOFF, Heinrich: Das Bauwerk der Ev. Kirche zu Uentrop, Hamm-Uentrop 1996

NEUHAUS, Friedrich Franz: Chronik des Kirchspiels Uentrop, Uentrop 1880, Nachdruck im Eigenverlag der Ev. Kirchengemeinde 1997

D in: W Bd. 53 (1975), S. 740

Glocken:
Akten des BA
GL 1918 und 1942
GA 1942 (m. Fotos)
GRAEVINGHOFF a. a. O.
PfA St. Bonifatius Werries
GL 1918

Hamm: Ev. Pauluskirche

BAUKS, Friedrich Wilhelm: Die Anfänge der Reformierten Kirche in der Grafschaft Mark, JbWKG Bd. 84 (1990), S. 97

BERGES, Hermann Josef: Hamm so wie es war, Bd. 1, Düsseldorf 1975